KB122988

싸우는 식물

TATAKAU SYOKUBUTSU
ZINGI NAKI SEIZON SENRYAKU

© HIDEHIRO INAGAKI 2015
Illustrations by Fumihiko Kobori
Originally published in Japan in 2015 by Chikumashobo Ltd., TOKYO.
Korean translation copyrights © 2018 by THE FOREST BOOK Publishing Co.

Korean translation rights arranged with Chikumashobo Ltd., TOKYO.
through TOHAN CORPORATION, TOKYO, and Eric Yang Agency, Inc., SEOUL.

속이고 이용하고 동맹을 통해
생존하는 식물들의 놀라운 투쟁기

이나가키 히데히로 지음
김선숙 옮김

싸우는
식물

더숲

차례

제1라운드
식물 vs 식물

평화 없는 식물계와 투쟁하는 식물들

제2라운드
식물 vs 환경

고난을 이겨내는 싸움의 기술

제5라운드
식물 vs 동물

'먹고 먹히는' 관계에서 식물이 살아가는 법

용수 榕樹

평화 없는 식물계와
투쟁하는 식물들

치열한 경쟁 사회

───── 식물을 보면 우리의 몸과 마음이 치유된다. 태양을
향해 나뭇잎을 펼치며 가지를 뻗어가는 나무 그리고 아름다
운 꽃을 피우는 화초. 때로 우리는 이런 식으로 자라는 식물
을 부러워하기도 한다. 동서고금의 성인들은 식물처럼 사는
유유자적한 삶을 추구하기도 했다.

식물의 세계는 다툼이 없는 평화로운 세계처럼 보일 수도
있다. 그런데 정말 식물의 세계가 평화로울까? 유감스럽게도
전혀 그렇지 않다. 자연계는 약육강식, 적자생존의 세계다.
식물의 세계도 예외가 아니다.

우리 동물의 세계와 비교하면 식물의 세계에는 경쟁이 없
는 것처럼 보이기도 한다. 동물은 다른 생물을 잡아먹거나 식
물을 뜯어 먹고 산다. 살아남으려고 때로는 으르렁거리며 싸

우기도 하고 매사에 티격태격하기도 한다. 반면에 식물은 다른 생물을 죽이지 않고도 살 수 있다. 햇빛과 물과 흙이 있으면 살아갈 수 있기 때문이다.

바꿔 말하면 식물도 햇빛과 물과 흙 없이는 살아갈 수 없다. 그러므로 햇빛과 수분, 토양 등의 자원을 둘러싸고 식물끼리 치열한 싸움을 벌여야만 한다. 식물이 위를 향해 자라는 것도, 잎을 우거지도록 하는 것도 조금이라도 다른 식물보다 햇빛을 받기에 유리하게 하려는 것이다. 만약 이 성장 경쟁에 져서 다른 식물의 그늘에 가려지면 광합성을 제대로 할 수가 없다. 그렇기에 식물은 조금이라도 더 높이 올라가려고 온 힘을 기울인다.

땅속에서 벌이는 보이지 않는 싸움은 더욱 치열하다. 식물은 물과 영양분을 빨아들이고자 땅속으로 뿌리를 뻗는데, 마찬가지로 다른 식물도 살아남고자 뿌리를 뻗는다. 한정된 땅속의 수분과 영양분을 서로 빼앗으려고 경쟁해야 한다.

평화로워 보이는 식물도 사실 치열한 싸움 속에서 살아간다. 이것이 자연계의 진실이다.

가장 치열한, 햇빛을 둘러싼 경쟁

———— 햇빛이 없으면 살아갈 수 없는 식물은 서로 경쟁하며 잎을 펼쳐 햇빛을 받으려고 한다. 모든 식물이 햇빛을 받으려고 잎을 펼치므로, 더 많은 햇빛을 차지하려면 다른 식물보다 높은 위치를 점해야 한다. 이렇게 식물은 서로 경쟁하면서 위를 향해 자란다.

식물이 다른 식물보다 빨리 자라려고 해도 경쟁자도 매한가지로 자라니까 특출하게 자라기는 어렵다. 어떤 식물이라도 최대한 성장을 서두르기에, 결과적으로 도토리 키 재기처럼 어느 식물이나 똑같이 자라는 것같이 보인다. 이것이 바로 '그만그만한 키의 현상'이다.

모처럼 새로 난 잎도 위쪽을 향해 잎몸을 펼치지만, 잎이 무성하면 아래쪽은 그늘이 되어 햇빛을 받을 수 없게 된다. 그러면 아래쪽에 난 잎은 제구실을 잃고 떨어져버린다. 위쪽에 난 잎만 펼쳐가는 상황이 된다.

숲속에 들어가면 마치 지붕이 덮인 것처럼 윗부분에만 잎이 모여 있다. 아래쪽에 있는 잎은 햇빛을 받지 못해 떨어졌기 때문이다. 이렇게 잎이 위쪽에만 모여 있는 모습을 수관樹冠

冠 또는 초관草冠이라고 부른다. 숲 아래서 위를 올려다보면 마
치 지그소 퍼즐처럼 다양한 나뭇잎이 얽혀 수관을 이룬다는
것을 알 수 있다. 이렇게 식물은 햇빛을 둘러싸고 공간을 쟁
탈하면서 숲을 형성한다.

승리의 열쇠는 성장 속도
_나팔꽃 관찰 일기

———— 아이들 여름방학 과제로 으레 들어가는 것이 나팔
꽃 관찰 일기다. 아이들의 관찰 일기를 보면, 나팔꽃 씨를 뿌
리자 먼저 두 개의 떡잎이 나온다. 그리고 본잎이 한 장 나온
다. 여기까지는 간단하다. 이 뒤가 놀랍다.

나팔꽃은 계속해서 잎을 내고 쑥쑥 덩굴을 뻗어나간다. 관
찰 일기 쓰기를 며칠만 걸러도 순식간에 나팔꽃 키가 아이들
키보다 훌쩍 커버릴 수 있다. 지지대 길이가 길다면 어느새
집의 지붕까지 올라가기도 한다. 나팔꽃은 성장이 정말 빠르
다. 순식간에 지붕까지 올라간다. 나팔꽃은 덩굴로 뻗어나가
는 덩굴식물이라서 빨리 자란다.

일반 식물은 줄기로 자신을 지탱해야 하므로 줄기를 굵고 튼튼하게 하면서 자란다. 그러나 덩굴을 뻗는 덩굴식물은 자기보다 튼튼하고 큰 식물에 의존해 자라니까 자신의 힘으로 서지 않아도 된다. 줄기를 튼튼하게 하지 않아도 괜찮으므로 그만큼 절약한 성장 에너지를 키가 자라는 데 사용할 수 있다. 이 덕분에 덩굴식물은 단기간에 빠르게 성장한다.

식물의 경쟁은 속도에서 승부가 난다. 얼마나 빨리 자랄 수 있느냐가 승리의 열쇠라고 해도 과언이 아닐 것이다. 선수를 쳐 재빨리 성장하면 넓은 공간을 점유하고 마음껏 햇빛을 받을 수 있다. 그러나 조금이라도 늦어져 다른 식물에 가려지면 충분히 햇빛을 받을 수 없다. 만약 다른 식물의 그늘에서 자라야만 하는 상황이라면 성장 속도가 점점 느려져 생존 경쟁에서 탈락하고 만다. 그리고 그늘에 살 수밖에 없는 완전한 패자가 되어버린다.

덩굴식물이 가늘고 길게 자라는 이유

────── 메꽃은 나팔꽃과 같은 메꽃과 식물이다. 메꽃의 일
본어 이름은 '낮 얼굴晝顔'을 의미한다. 나팔꽃*이 아침에 피
는 꽃인 데 반해 메꽃은 낮에 피는 꽃이라고 붙인 이름이다.
사실 메꽃도 이른 아침부터 꽃이 피지만 오후까지 피어 있어
서 '낮 얼굴'이라고 한다.

   메꽃의 성장 속도는 나팔꽃보다 더 빠르다. 나팔꽃은 두 개
의 떡잎이 나온 뒤 본잎이 나오고 나서 덩굴부터 뻗어간다.
그러나 메꽃은 다르다. 놀랍게도 쌍떡잎이 나온 후 본잎이 나
오기도 전에 먼저 덩굴부터 뻗는다. 경쟁 식물보다 조금이라
도 빨리 성장하려고 먼저 덩굴을 뻗는 것이다.

   잎도 나지 않은 상태에서 덩굴을 뻗으므로 덩굴이 가늘고
약할 수밖에 없다. 그러나 메꽃도 덩굴식물이라서 자기 힘으
로 서지 않아도 된다. 다른 식물을 감고 버티면 되므로 줄기
는 가늘어도 문제가 없다. 그리하여 줄기를 굵게 하기보다는
조금이라도 길게 뻗어, 다른 식물보다 먼저 햇빛을 독점해버

──────

※ 일본어로 나팔꽃은 朝顔로, 아침 얼굴을 뜻
한다. 영어로도 모닝글로리morning glory

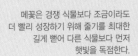

덩굴식물인 나팔꽃은 다른 식물에
의존해 자라 성장 에너지를 절약할 수
있어서 단기간에 빠르게 자랄 수 있다.

메꽃은 경쟁 식물보다 조금이라도
더 빨리 성장하기 위해 줄기를 최대한
길게 뻗어 다른 식물보다 먼저
햇빛을 독점한다.

린다.

덩굴식물은 이렇게 남의 힘을 이용해 위로 자라는 뻔뻔한 방법으로 빠르게 성장한다. 다소곳이 자신의 줄기로 서는 식물과 비교하면 좀 교활한 듯하지만, 덩굴식물의 생장 방식은 군웅할거群雄割據의 식물계에서는 실로 효과적이라고 할 수 있다.

감는 방법도 가지가지

───── 효율적으로 크게 성장할 수 있는 덩굴식물의 전략은 다른 식물도 이용할 때가 많다. 나팔꽃과 메꽃은 덩굴이 나선형으로 감으면서 자라는데, 그 밖의 식물도 종류에 따라 다양한 방법으로 덩굴이 자란다.

오이와 수세미 등 박과 식물은 덩굴손으로 다른 식물을 붙잡고 자란다. 덩굴손은 천천히 빙빙 돌면서 붙잡을 만한 기둥을 찾아간다. 기둥을 찾으면 덩굴손으로 휘감아나간다. 덩굴손은 붙잡을 상대를 까다롭게 고른다. 잡은 것이 유리 막대처럼 반들반들한 기둥이라면 덩굴손은 감기를 그만두고, 다시 새로운 기둥을 찾기 시작한다. 즉, 덩굴손 끝은 기둥의 감촉

오이와 같은 박과 식물은 덩굴손으로
상대 식물을 발판으로 삼아 자란다.

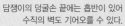
담쟁이의 덩굴손 끝에는 흡반이 있어
수직의 벽도 기어오를 수 있다.

을 확인하면서 감기에 적합한 기둥을 찾는다.

덩굴손은 정말 잘 만들어졌다. 덩굴손은 끝부분을 기둥에 감은 뒤에도 빙빙 돌리기를 계속한다. 좌우로 비비 꼬아 나선형으로 감아나가는 것이다. 꼬아서 둥글게 말아 올린 덩굴손은 용수철처럼 신축성이 있다. 탄력성을 유지하면서도 단단히 기둥을 끌어안으며 고정한다.

수직의 벽을 아무렇지도 않게 올라가는 식물도 있다. 담쟁이다. 어떻게 담쟁이는 붙잡을 곳도 없는 벽을 기어오를 수 있을까? 사실 담쟁이의 덩굴손 끝에는 흡반(빨판)이 있다. 이 흡반을 사용해 수직의 벽을 기어오르는 것이다. 이런 방법이라면 다른 덩굴이나 덩굴손으로는 감을 수 없는 굵은 거목에도 올라갈 수 있다.

이처럼 덩굴이 자라는 방법은 다양하지만 모두 덩굴로써 생장을 촉진하며, 상대 식물을 발판으로 삼아 자란다는 점은 같다. 그리고 때로는 신세를 진 식물을 완전히 덮어버리겠다는 듯이 무성하게 자라기도 한다.

장미의 가시는 방어와 공격을 위한 무기

─────── '예쁜 꽃에는 가시가 있다.'라고들 말한다. 장미는
아름다운 꽃이지만, 가시가 있어 잘못 만지다가는 가시에 찔
릴 수 있다. 장미는 가시가 있는 대표적인 식물이다.

장미의 가시는 나무껍질이 변화한 것이다. 그럼 장미에서
가시는 무엇을 위해 있는 것일까? 하나는 해충이 잎이나 줄
기 따위를 갉아 먹어 해치는 것을 막으려는 것이다. 그러나
단지 방어만이 가시가 존재하는 이유는 아니다.

장미는 원래 덩굴성 식물이었다. 지금도 덩굴을 뻗는 장미
를 울타리나 아치에 장식하려고 심기도 한다. 야생에서 장미
는 가시를 주변 식물에 걸치면서 기댄다. 이렇게 다른 식물을
이용하여 성장을 촉진하고 광합성에 유리한 자리를 차지한다.
장미의 가시는 방어가 아니라 공격을 위해 존재하는 셈이다.

원래 덩굴성 식물인 장미는 주변 식물에 기대고 걸치면서
성장을 촉진하고 광합성에 유리한 자리를 차지한다.

수단과 방법을 가리지 않는 무서운 살인마

─────   일부 식물은 남에게 기대어 크겠다는 생각으로 못된 계획을 품는다. 의도는 나쁠지 몰라도 발상 그 자체는 참신해 보인다. 이 식물의 경우, 보통의 식물처럼 땅에서 위로 덩굴을 뻗어가지 않는다. 종자가 나무 위에서 아래를 향해 뻗어가는, 그야말로 역발상으로 자란다.

이러한 방식으로 자라는 식물은 식물끼리 경쟁이 심한 열대 숲에서 살아간다. 식물의 종자는 새가 먹은 과일과 함께 새의 체내에 들어갔다가 배설물과 함께 체외로 배출되어 흩어질 때가 많다. 식물의 종자는 새의 배설물과 더불어 나뭇가지에 정착한다. 그리고 나무 위에서 지상을 향해 뿌리를 내린다.

담쟁이덩굴이 나무줄기를 따라 뻗어가듯이 그 뿌리 또한 나무줄기를 따라 뻗어간다. 이런 모습은 다른 덩굴식물과 다름없어 보인다. 보통 덩굴식물은 나무 아래에서 위로 뻗어가는 데 반해 이 식물은 위에서 아래로 뻗어나가는 점이 다를 뿐이다.

뿌리가 드디어 땅거죽에 닿았을 때, 이 식물은 무서운 살인마로 돌변한다. 뿌리가 땅에 붙어 토양의 영양분을 얻으면 단번에 쑥쑥 자라기 시작한다. 그리고 나무줄기에 온통 둘러친 잔뿌리가 굵고 튼튼해진다. 밧줄로 꼼짝달싹하지 못하게 묶겠다는 듯이 나무를 칭칭 휘감는다. 이윽고 나무가 보이지 않을 만큼 덮어버린다.

이런 식으로 자라는 덩굴식물을 '교살식물'이라고 한다. 교살식물이라 불리는 식물로는 뽕나뭇과 무화과나무속 식물을 중심으로 여러 종류가 있는데, 용수*도 교살식물이다.

교살식물은 나무를 뒤덮어 결국 원래 있던 나무가 말라 죽게 한다. 실제로 나무를 졸라 죽이는 것은 아니지만, 햇빛을 차단해서 나무가 시들게 한다. 그 모습이 마치 나무를 졸라 죽이는 것처럼 보인다. 칭칭 감은 나무가 썩어 없어져도 교살식물은 쓰러지지 않는다. 그때쯤에는 굵은 뿌리가 단단히 땅을 붙잡아서 자기 힘으로 설 수 있기 때문이다.

작은 씨앗에서 발아한 식물이 거목이 북적거리는 숲속에서 오롯이 자기 힘으로 자라기는 어렵다. 원래 있던 식물을 올라타서 그 자리에서 취하는 방법으로 교살식물은 경쟁이

---

* 열대와 아열대에 분포하는 뽕나뭇과 상록교목으로 가주마루, 가지마루 혹은 반얀banyan이라고도 불린다.

심한 숲에서 살아남는 데 성공한다.

남에게 의지하면 고생하지 않고 빨리 클 수 있다?

────── 덩굴식물보다 생각이 더 앞선 것이 기생식물이다. 기생식물은 다른 식물의 체내에 뿌리를 내리고, 거기서 영양분을 빼앗는다.

서양에서는 겨우살이mistletoe를 신성한 식물로 여긴다. 다른 나뭇잎이 진 겨울에도 잎이 녹색을 띠고 있어 생명력의 상징으로 삼는 것이다. 서양에서는 예로부터 겨우살이 아래에서 마주친 남녀는 키스해도 된다는 말이 전해 내려온다. 크리스마스 밤에 겨우살이 아래에서 키스하면 행복해진다는 말도 있다. 이 때문에 크리스마스에는 겨우살이로 장식하는 일이 흔하다.

겨우살이의 첫 번째 작전은 교살식물과 비슷하다. 겨우살이 종자도 열매를 먹은 새의 배설물에 섞여 나뭇가지에 부착한다. 교살식물은 나무 위에서 땅을 향해 뿌리를 뻗어가지만, 겨우살이는 다르다. 그 뿌리가 천천히 나뭇가지를 파고들어

겨우살이가 겨울에도 잎이 녹색을 띠는 것은 기생하는 식물의 잎이
떨어진 사이에 스스로 광합성을 해서 힘을 비축하기 때문이다.

가는 것이다.

　겨우살이는 '다른 나무 위에서 사는 나무'이다. 거처를 빌린 듯 다른 나무 위에 자라서 이렇게 불린다. 그러나 겨우살이는 거처를 빌려 사는 정도가 아니다. 쐐기 같은 뿌리를 다른 식물의 줄기 속에 집어넣고 다른 나무의 물이나 양분을 빨아 먹는 기생식물이다.

　'완전기생식물'로 불리는 기생식물은 모든 영양분을 숙주가 되는 식물로부터 빼앗지만, 겨우살이는 다른 식물로부터 영양분을 빼앗으면서도 스스로 광합성을 하므로 '반기생식물'이라고 부른다. 겨우살이가 낙엽수에 기생하는데, 그 나무의 잎이 지고 나서도 녹색 잎을 유지하는 것은 나뭇잎이 떨어진 사이에 광합성을 해서 힘을 비축하기 때문으로 생각할 수 있다. 실로 만만치 않은 식물이다.

줄기도 잎도 없이 기생한다

──────   식물은 서로 경쟁하며 줄기를 뻗고 잎을 펼친다. 광합성을 해서 영양분을 얻으려는 것이다. 다른 식물에서 영

양분을 빼앗아올 수 있다면 광합성은 하지 않아도 된다. 그렇다면 줄기와 잎 또한 없어도 되는 것은 아닐까?

그런 기생식물도 존재한다. 억새 밑동에 살며시 피는 야고*도 대표적인 기생식물이다. 야고는 겨우살이와는 달리 완전 기생식물이다.

억새에 바싹 달라붙어 피는 야고는 담배대더부살이라고도 불린다. 와카**의 세계에서 야고는 '은밀한 사랑'을 상징하는 존재로 읊을 정도다.

야고는 약하고 가늘게 뻗은 줄기에 꽃이 필 뿐이지 잎은 전혀 없다. 또한 줄기처럼 보이는 것도 실제로는 길게 자란 꽃자루다. 즉, 야고는 줄기도 잎도 없이 꽃만 땅에서 올라온다. 실제로 야고는 퇴화한 극히 짧은 줄기와 약간의 잎을 땅속에서 지니고 있다가, 가을이 되면 땅 위에 살며시 꽃만 내민다. 약하고 조신한 야고의 성장 모습은 남모르게 하는 사랑과 어울려 보인다.

이렇게 약한데도 살아갈 수 있는 것은 야고가 기생식물이

---

* 꽃대와 꽃 모양이 담뱃대처럼 생겨 담배대더부살이라고도 한다. 보통 억새 뿌리에 기생하지만, 양하와 사탕무 뿌리에도 기생한다.
** 和歌. 일본 고유 형식의 시

기 때문이다. 야고는 스스로 광합성을 하지 않고 억새로부터 영양분을 빼앗아 자란다. 그래서 줄기도 잎도 없이 꽃을 피울 수 있다. 식물에서 가장 중요한 것은 꽃을 피우고, 종자를 남기는 일이다. 식물은 이를 위해 줄기를 뻗어 잎을 펼치고 영양분을 모은다. 야고는 영양분을 수고 없이 손에 넣으므로 줄기나 잎이 없어도 되는 것이다.

줄기도 잎도 없이 꽃자루에서 꽃만 피는 야고는
완전기생식물이기에 살아갈 수 있다.

세상에서 가장 큰 꽃의 정체

───── 세상에서 가장 큰 꽃으로 알려진 라플레시아는 지름이 1미터나 되는 거대한 꽃이다. 19세기 영국 탐험대는 처음 라플레시아를 발견할 당시 식인 꽃이 아닐지 의심하기도 했다. 어쨌든 라플레시아의 꽃은 땅 위에서 빠끔히 입을 벌리고 핀다.

알고 보면 라플레시아는 기생식물이다. 포도과 식물의 뿌리에 기생하여 영양분을 빨아 먹고 산다. 그리고 거기에서 직접 꽃을 피운다. 식물에서 가장 중요한 기관은 종자를 남기기 위한 꽃이다. 극단적으로 말하자면 줄기를 뻗어 잎을 펼치고 성장하는 것은 모두 꽃을 피우려는 작업이다. 그렇게 생각하면 라플레시아는 여분의 줄기도 잎도 없이 꽃만 피우는 이상적인 형태다.

그뿐만이 아니다. 라플레시아는 양분을 흡수하는 뿌리조차 없다. 실 모양으로 세포가 늘어서 있을 뿐인, 기생뿌리라 불리는 기관이 포도과 식물의 뿌리에 파고들어 간다. 더는 스스로 서지 않아도 되므로 제대로 된 뿌리는 없어도 된다. 링거 튜브처럼 가는 기생뿌리만으로도 충분하다.

세상에서 가장 큰 꽃을 피우는 라플레시아는 양분을 흡수하는 뿌리도 없이
포도과 식물의 뿌리에 기생하며 모든 에너지를 꽃을 개화하는 데 쏟는다.

세상에서 가장 큰 꽃이 자기 힘으로 살아가지 않고 다른 식물에 기생한다는 사실에서 세상의 부조리가 느껴진다. 그러나 라플레시아는 쓸모없는 것을 떼어낸, 줄기도 잎도 없는 식물이라서 모든 에너지를 꽃을 개화하는 데 쏟는다. 그 덕분에 거대한 꽃을 피울 수 있는 것이다.

뿌리도 잎도 없는 악마

———— 덩굴식물의 예로 소개한 나팔꽃 종류에도 기생식물이 존재한다. 바로 실새삼으로, 일본어로는 '뿌리 없는 덩굴根無し葛'이라는 뜻이다.

실새삼은 광합성을 하지 않아도 되어서 광합성에 가장 중요한 요소인 엽록소가 없다. 그래서 콩나물처럼 연약해 보이는 황백색을 띤다. 남에게 빌붙어 살아가는 기생충 같은 사람을 흔히 '기둥서방'이라고 표현하기도 하는데, 실새삼의 모습이 그 기둥서방과 비슷하다.

실새삼이 뿌리가 없다고는 해도, 막 싹을 틔운 무렵에는 뿌리가 있다. 줄기는 먹이를 찾아 땅을 기어 다닌다. 신기하게

'뿌리 없는 덩굴'이라는 의미의 실새삼은 사냥감을 노리는 뱀처럼
주위 식물을 어루만지며 활기 있는 식물의 줄기를 골라서 감아 붙는다.

도 인공적인 기둥과 이미 약해진 식물은 거들떠보지도 않는다. 마치 사냥감을 노리는 뱀처럼 주위 식물을 어루만지면서 활기가 있는 식물의 줄기를 골라 감으며 붙는다. 그 원리는 밝혀지지는 않았지만, 실새삼은 숙주식물이 방출하는 희미한 휘발 성분을 감지하는 것이 아닌가 싶다.

먹이에 달려들어 그것을 문 실새삼은 이제 필요하지 않은 뿌리를 없애고 진짜 뿌리 없는 식물이 된다. 그리고 뿌리로 흙에서 양분을 흡수하는 기술을 잃어버린 실새삼은 먹이의 몸체에 감겨 붙으면서, 덩굴에서 송곳니 같은 모양의 기생 뿌리를 차례대로 뽑아 먹이의 몸통에 박아 넣고 영양분을 빨아 먹는다. 이런 실새삼의 모습이 마치 흡혈귀 같아 실새삼을 '노란 흡혈귀'라 부르기도 한다.

보이지 않는 화학전

─── 가지를 뻗고 잎이 우거지게 해서 서로 공간을 빼앗으려고 격렬하게 싸우는 식물들. 그러나 식물의 싸움은 지상에서 끝나지 않는다. 땅속에서는 더욱 격렬한 싸움이 벌어진다.

식물은 뿌리를 뻗으면서 뿌리에서 다양한 화학물질을 방출한다. 그럼으로써 주변의 식물에 피해를 주거나 다른 식물의 발아를 방해하며 다른 식물을 격퇴한다. 이처럼 화학물질을 통해 다른 식물의 성장을 억제하는 현상을 '타감작용他感作用' 혹은 '알렐로파시allelopathy'라고 한다. 알렐로파시는 그리스어로 '서로 감수한다allelo + pathy'라는 뜻의 조어다. 따라서 본래는 식물끼리뿐만 아니라 식물과 미생물 혹은 곤충끼리나 미생물끼리 등 모든 생물 사이의 간섭 작용을 의미한다.

또한 다른 식물의 성장을 억제할 뿐만 아니라 성장을 촉진하는 효과를 일으키는 사례도 포함한다. 일반적으로는 식물 간의 경쟁에서 어떤 식물이 방출하는 물질이 다른 식물의 성장을 억제할 때 쓰인다. 호두나무나 적송 아래에는 덤불이나 다른 나무가 나지 않는다고 한다. 호두와 소나무의 뿌리에서 나오는 물질이 다른 식물의 성장을 막기 때문이다.

많든 적든 대부분 식물에는 타감작용을 하는 물질이 있다. 편안하게 보이는 식물의 세계에서도 매일 화학무기를 사용한 싸움이 벌어지는 셈이다.

단독 승리는 허용되지 않는다

──────   양미역취는 강한 타감작용을 하는 식물로 알려져
있다. 강변이나 공터 일대가 온통 양미역취로 가득한 모습을
자주 볼 수 있다. 양미역취는 뿌리에서 독성이 있는 물질을
내뿜어 경쟁자인 주변 식물의 발아나 성장을 방해하고 자신
만 성장해간다. 이렇게 다른 식물을 몰아내고 빠르게 그 일대
를 잠식해 독차지한다. 바로 무서운 화학무기를 사용하는 것
이다.

그런데 언제부턴가 양미역취의 기세가 꺾이기 시작했다.
그토록 세력을 떨치던 양미역취가 쇠퇴 일로를 걷는 현상이
일어난 것이다. 한때 약해져 가던 참억새와 물억새 등 야생초
가 세력을 회복하여 양미역취를 압도하는 사례도 적지 않다.

우리나라 남부지방에 주로 피는 양미역취는 보통 1~2.5미
터까지 자란다. 일본의 양미역취의 경우, 키가 2~3미터나 된
다. 그런데 일본에서 최근에는 50센티미터 정도일 때 꽃을 피
우는 모습도 자주 볼 수 있다. 어째서 그토록 왕성한 번식력
을 보이던 양미역취가 다소곳해졌을까?

그 원인 중 하나는 '자가 중독'이다. 양미역취는 독성이 있

는 화학물질로 주위 식물을 차례로 몰아내고 일방적인 승리를 거두었다. 그런데 다른 식물이 없으니 상대를 공격해야 하는 양미역취의 독성분이 그 자신에게 영향을 미쳐 자기의 성장을 방해하게 된 것이다.

식물계 힘의 균형은 어떻게 유지되는가

─────── 그런데 이상한 일이 있다. 양미역취는 북아메리카 원산의 외래 잡초다. 원산지인 북아메리카에서는 절대 크게 번식하지 못한다.

조국인 북아메리카 초원에서 양미역취는 키가 크지 않다. 1미터가 채 되지 않으며, 가을의 들판에 아름다운 꽃을 피워 사람들에게 사랑받는다. 기승을 부린다고 보기는커녕 양미역취가 피는 초원의 자연을 지키려고 보호 활동까지 할 정도다.

원래 양미역취는 아름다운 꽃으로 정원을 가꾸고자 일본에 도입했다. 그 아름다운 꽃이 왜 이국땅인 일본에서는 기승을 부리는 것일까?

북아메리카에서도 양미역취는 뿌리에서 화학물질을 뿜어

낸다. 사실 모든 식물이 많든 적든 뿌리에서 화학물질을 방출
해 주위 식물을 공격한다. 이렇게 서로 화학물질을 뿜어내는
화학전쟁은 늘 벌어진다. 그러나 어떤 식물이 내보내는 화학
물질에 다른 식물이 쉽게 당한다면 싸움이 되지 않으니 주위
식물은 그것을 방어하는 구조로 무장해 피해를 막는다. 이렇
게 공방의 균형이 잡히면 겉보기에는 타감작용이 없는 것처
럼 보인다.

　미국에서 양미역취와 싸우면서 진화를 거듭해온 주위 식
물은 양미역취가 뿜어내는 독성분을 방어하는 구조가 발달
했다. 이렇게 해서 균형이 잡혔으니 양미역취만이 땅을 독차
지하는 모습은 찾아보기 어렵다.

　그런데 일본의 식물은 새로 귀화한 양미역취의 화학물질
에 아무런 대처도 하지 못했다. 물론 일본의 식물도 뿌리에서
다양한 물질을 뿜어내지만, 양미역취를 공격할 만한 효과적
인 물질은 없었는지도 모른다. 그 때문에 균형을 잡지 못하고
양미역취만 혼자 키가 2~3미터나 되는 거대한 괴물로 변해
난폭하게 군 것이다.

　서로 공격하면서 균형을 유지하던 양미역취도 홀로 승리
하는 일은 처음이었다. 예상 밖의 이 승리는 결국 자기 독으

로 자멸하는 결과를 불러일으킨다. 마찬가지로 야생초로 사
랑받는 감제풀(호장근)과 억새가 해외에 건너가자 괴물(키 큰
잡초)로 변해 문제를 일으킨다.

   평화로워 보이는 식물도 땅속에서는 서로 공격한다. 식물
의 세계가 그렇게 함으로써 균형을 유지하는 것을 보면 자연
의 세계도 참 대단한 것 같다.

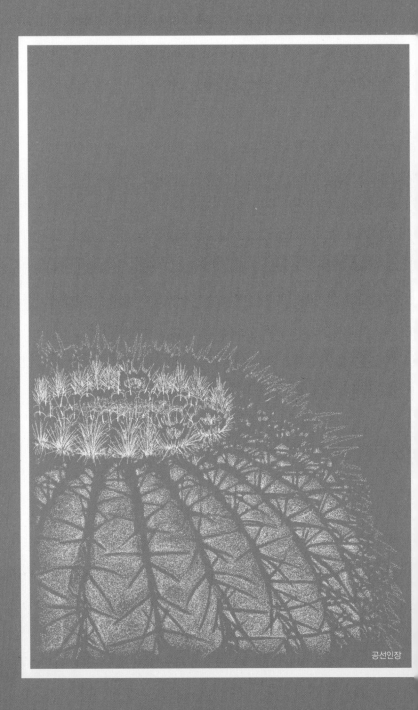

공선인장

고난을 이겨내는
싸움의 기술

강자에게도 싸움은 쉬운 일이 아니다

─────── 식물의 싸움은 우리가 생각하는 것보다 훨씬 치열
하다. 나뭇가지와 잎은 햇빛을 차지하려고 쟁탈전을 벌이고,
보이지 않는 땅속에서는 뿌리가 영양분과 물을 빼앗으려고
서로 다툰다. 만약 햇빛을 차지하지 못하면 다른 식물의 그늘
에서 시들어버리게 되고, 물을 빼앗기면 말라비틀어진다. 경
쟁에 이기지 못하면 살아나갈 수가 없다. 그런 경쟁에서 살아
남기는 쉽지 않다.

경쟁 사회에서 살아남으려면 상당한 경쟁력을 갖추어야
한다. 조금이라도 이길 승산이 있다면 그 기회에 도전해보는
것도 나쁘지 않다. 그러나 도저히 이길 수 없는 싸움도 있다.
승산은 없으나 좌우간 부딪쳐보겠다는 듯이 덤벼들어도 좋
지만, 정말로 깨지고 나면 본전도 못 건진다. 자연계는 두 번

다시 기회를 주지 않는다. 승부에서 졌다는 것은 그대로 죽음을 의미한다. 강한 자가 살아남는다고는 하지만, 승자조차도 사는 일은 그리 호락호락하지 않다.

아무리 잎을 우거지게 하려고 해도 다른 식물의 잎이 무자비하게 방해한다. 비록 일부 잎이 햇빛을 받는다 해도 햇빛이 닿지 않는 잎은 시들 수밖에 없다. 치열한 싸움에서 승리했다고 해도 상당한 에너지를 소모한 데에다 그 과정에서 생긴 손상은 이루 헤아릴 수 없다. 아무리 강자라 불리는 식물이라도 경쟁은 결코 쉬운 일이 아니다.

싸우지 않고 승리한다 = CSR 전략

———— 아름답고 풍성하게 보이는 숲의 나무들은 모두 싸움의 승리자들이다. 사실 나무 그늘에는 싸움에서 패해 사라지고, 햇볕이 들지 않아 시들어버린 식물이 수도 없이 많다. 조용하게 사는 것처럼 보이는 식물에도 싸우는 일은 여간 힘든 일이 아니다.

그래서 될 수 있으면 싸움을 피하려는 식물도 있다. 영국의

생태학자 존 필립 그라임John Philip Grime은 식물의 성공 전략을
세 가지로 분류하고, 이것을 CSR 전략이라고 불렀다. 식물의
성공 전략에는 C, S, R이라는 세 가지 전략이 있다는 것이다.

C 전략은 경쟁형Competitive이라고 해서, 경쟁해서 이긴 자
만이 살아남는다는 전략이다. 자연계는 약육강식의 치열한
경쟁 사회다. 강한 자는 살아남고 약한 자는 사라져간다. 이
것이 자연의 법칙이다. 식물 역시 늘 치열한 생존 경쟁을 벌
이며 살아간다. 그 치열한 경쟁을 이겨내고 승리하는 식물이
'경쟁형' 식물이다. 즉, C 전략은 강자의 전략이다.

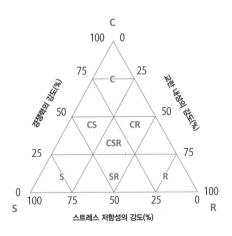

모든 식물은 C, S, R이라는 세 가지 전략 요소의 균형을
변형하여 자신의 전략을 세운다.

경쟁 사회에서는 강한 경쟁력이 필수 조건처럼 보인다. 그런데 자연계에 C 전략 이외의 전략도 있는 것일까? 사실 치열한 경쟁을 펼치는 식물의 세계에서 반드시 강자의 C 전략이 승리한다고 보장할 수는 없다. 이것이 바로 자연계의 재미있는 점이다. 경쟁에 약한 식물들의 성공 전략에는 S와 R 전략이 있다.

악조건을 기회로 삼는 약자의 생존법

───── 약한 식물이 강한 식물을 이기는 방법에는 어떤 것이 있을까? 야구나 축구, 테니스 같은 스포츠 경기를 생각해보면 알기 쉬운데 조건이 좋을 때는 예상 밖의 결과가 나오기 어렵다. 천혜의 좋은 조건에서는 누구나 실력을 발휘할 수 있다. 달리 말하면 실력대로 결과가 나오므로 실력이 없는 약자가 이길 가망이 없다.

반대로 조건이 나쁘다면 어떻게 될까? 비가 억수같이 쏟아지고 강풍까지 분다면 절대 좋은 상태라고 할 수 없다. 누구라도 이런 환경에서 승부를 내기는 싫어한다. 하지만 조건이 나쁠 때는 예상 밖의 결과가 나올 수 있다.

원래 실력이 있는 챔피언이라면 실력을 발휘할 수 없는 악조건에서 게임을 하고 싶지는 않을 것이다. 그러면 실력이 없는 약자가 상대편의 기권으로 겨뤄보지도 않고도 이길 수 있다. 그래서 약한 식물은 강한 식물이 힘을 발휘할 수 없는 악조건을 스스로 골라 자란다. 이것이 약자의 전략인 S 전략과 R 전략이다.

S 전략은 스트레스 내성형Stress tolerant strategy이라고 해서, 강자는 이용하지 않는 전략이다. 식물에게 스트레스란 성장하기 불리한 환경을 말한다. 예컨대 물이나 햇빛이 부족하거나 온도가 낮으면 식물에 스트레스가 된다. 이런 환경에서는 경쟁에 강한 식물이 반드시 이긴다고는 볼 수 없다. 도저히 경쟁할 만한 여유가 없는 것이다. 이러한 스트레스 환경에 견뎌내는 힘을 갖추고 가혹한 환경을 거처로 삼는 것이 S 전략이다. 예를 들어, 물이 적은 사막에 사는 선인장과 빙설에 견디는 고산식물은 전형적으로 S 전략을 쓰는 식물이다.

R 전략은 교란 내성형Ruderal strategy이라 불린다. '루더럴Ruderal'은 황무지에 사는 식물이라는 뜻이다. 이 유형은 환경의 변화에 강할 뿐만 아니라 예측할 수 없는 환경에서도 임기

응변으로 대처할 수 있다. R 전략을 쓰는 대표적인 식물이 우리 주변에서 가장 흔하게 볼 수 있는 잡초다.

선인장과 잡초에는 강하다는 인상이 있지만, 그것은 악조건을 극복하는 힘이 있다는 의미이기도 하다. 사실 선인장과 잡초는 다른 식물과의 경쟁을 피하는 약한 식물이다.

경쟁력이 없어서 경쟁을 피해 도망치는 것은 아니다. 약한 식물이 선택한 그곳에는 강한 식물은 자랄 수 없을 만큼 열악한 환경을 상대로 한 싸움이 기다린다. 그럼 S 전략과 R 전략을 펼치는 식물이 환경과 어떻게 싸우는지 살펴보기로 하자.

선인장에 가시가 있는 이유

———— S 전략을 펴는 아주 대표적인 식물이 선인장이다. 선인장은 강한 식물이 자랄 수 없는 사막에서 산다. 식물, 아니 모든 생물이 생존하려면 반드시 '물'이 있어야 한다. 사막에 사는 선인장에게 가장 가혹한 점은 물이 없다는 것이다.

선인장에는 많은 가시가 나 있다. 가시는 동물 등으로부터 자신을 지키는 데 쓰인다. 가시가 있는 이유는 그뿐만이 아니

다. 잎은 광합성을 하는 데 필요한 기관이지만, 얇고 넓은 잎
에서는 물이 증발해버린다. 선인장은 귀중한 물이 증발하는
것을 막으려고 잎을 가는 가시처럼 만든 것이다.

　수분의 증발을 막으려는 것이라면 가시의 수가 적은 것이
좋을 듯한데, 선인장에는 필요한 것보다 더 가시가 빽빽하게
나 있다. 사실 선인장의 가시를 모두 제거하면 줄기의 온도
가 올라가 버린다. 선인장은 빽빽한 가시로 햇빛을 교란해 줄
기에 햇빛이 들어오지 못하도록 하는 것이다. 또한 가는 가시
끝으로 공기 중의 수분을 흡착하여 온도를 낮추는 효과도 거
둔다고 한다. 선인장의 가시는 사막에서 생존하는 수단인 셈
이다.

　가시처럼 생긴 잎은 더는 광합성을 할 수 없다. 그래서 선
인장은 잎 대신 줄기로 광합성을 하고, 줄기를 굵게 하여 줄기
속에 물을 저장한다. 이렇게 해서 굵은 줄기에 가는 가시가 많
이 나 있는, 선인장의 기묘한 모양이 형성된 것이다.

　다만 물은 줄기 표면에서도 증발하므로 표면적을 될 수 있
으면 적게 했다. 부피에 비해 표면적이 가장 적은 모양이 둥
근 형태다. 선인장 중에 동글동글한 모양의 공선인장이 있는
것은 그 때문이다.

터보 엔진으로 파워 업

———— 선인장은 잎의 표면을 적게 하고 코팅하여 물의 증발을 막는다. 그러나 문제는 여전히 남아 있다. 식물이 살아가려면 광합성을 해야 한다. 광합성은 이산화 탄소와 물로부터 에너지원이 되는 당을 만들어내는 작업이다. 식물은 이산화 탄소를 수중에 넣으려고 기공이라는 환기구를 연다. 그런데 기공을 열면 중요한 수분이 증발해버린다. 그래도 광합성을 하려면 어쩔 수 없이 기공을 열어야 하므로 될 수 있으면 여는 횟수를 줄여야만 한다.

이 문제를 해결한 것이 C_4 식물이라 불리는 식물이다. C_4 식물은 특정 식물 집단을 가리키는 것이 아니라 C_4 광합성이라는 광합성 장치를 갖춘 식물을 말한다. C_4 광합성을 하는 식물은 외떡잎식물과 쌍떡잎식물의 다양한 무리에서 발견되고 있어, 다원적으로 진화해온 것으로 본다.

그럼 C_4 광합성은 어떤 식으로 이루어지는 광합성을 말하는 것일까? 일반 식물은 C_3 회로라는 장치로 광합성을 한다. C_3 회로의 명칭은 맨 처음 만들어진 생성물이 탄소 수가 세 개인 3·포스포글리세린산이라는 데서 유래했다. 그런데 C_4

식물에는 이런 보통의 광합성 회로 외에도 C_4 회로라 불리는 고성능 광합성 장치가 있다. C_4 회로에서는 회로의 첫 번째 탄소가 네 개의 옥살아세트산을 생성한다.

자동차의 터보 엔진은 공기를 압축하여 대량의 공기를 엔진에 보냄으로써 출력을 높이는 장치다. 광합성의 C_4 회로도 이와 비슷한 구조다. C_4 회로는 터보차저*처럼 이산화 탄소를 압축한다. 그리고 엔진인 C_3 회로에 이산화 탄소를 보내는 역할을 한다. 이 장치로써 광합성 능력을 비약적으로 높일 수가 있다.

수분의 증발을 막는다

———— 터보 엔진이 고속 운전에서 그 특성을 발휘하는 것처럼, 고성능 C_4 광합성은 여름의 고온과 강한 햇빛 아래에서 높은 잠재력을 발휘한다. C_3 회로에서는 지나치게 강한 햇빛

※ turbo charger, 자동차 엔진의 출력을 높이고
자 쓰이는 보조 장치

을 광합성이 따라가지 못해 광합성량이 한계점에 도달해버린다. 액셀을 아무리 밟아도 출력이 올라가지 않아 속도를 내지 못하는 자동차 같은 느낌이랄까. 그러나 C_4 식물은 다르다. 내리쬐는 태양 빛이 강하면 강할수록 광합성 속도는 점점 가속도가 붙는다.

C_4 식물은 어떻게 수분의 증발을 막을 수 있을까? C_4 식물은 기공을 열 때 들어오는 이산화 탄소를 농축할 수 있다. 기공을 여는 횟수를 줄일 수 있는 것이다. 기공을 열지 않으면 수분의 증발을 제한해 수분을 절약할 수 있게 된다. 그래서 C_4 회로가 있는 C_4 식물은 건조한 장소에서도 멀쩡하다.

여름철에 길가에 무성하게 우거진 볏과 잡초 중에는 C_4 식물이 많다. 누군가가 물을 주는 것도 아닌데, 잡초가 가뭄에도 시들지 않고 푸른 것은 그 때문이다.

고성능 엔진 트윈캠의 등장

───── C_4 회로는 고온과 건조한 환경에 강한 뛰어난 장치지만, 선인장이 사는 사막은 어지간한 환경이 아니다. 게다가

수분을 절약하지 않으면 살아남기 어렵다. 그래서 선인장 등 사막에 사는 식물은 건조한 환경용으로 특수한 장치를 갖추고 있다.

자동차 엔진에는 트윈캠twin cam이라는 장치가 있다. 엔진 성능에 중요한 부품으로 흡배기 밸브의 개폐에 관여하는 캠 CAM이 있다. 이 캠을 흡기용과 배기용으로 나누고, 두 개의 캠축을 장착한 고성능 엔진이 바로 트윈캠이다.

사실 식물의 건조한 환경용 고성능 광합성 장치도 CAM 이라고 한다. 식물의 CAM은 크래슐산 대사(crassulacean acid metabolism, 돌나물형 유기산 대사)라는 말의 약자다. 트윈캠과 비슷한 단어가 된 것은 완전히 우연이다.

앞에서 언급한 C_4 회로의 광합성 장치는 기공의 개폐를 최소한으로 억제할 수 있지만, 아무래도 기공을 열 때마다 수분이 증발해버린다. 수분이 귀중한 건조한 환경에서는 이 약간의 수분 손실조차 치명적일 수 있다.

그래서 등장한 것이 CAM이다. 광합성은 햇빛이 있는 낮에 이루어지므로 식물은 수분의 증발이 심한 낮에 기공을 여닫는다. CAM 광합성 장치는 흡기용 장치를 별도로 분리함으로써 이 문제를 해결했다. 즉, 기온이 낮고 수분의 증발이

적은 야간에 기공을 열어 이산화 탄소를 받아들이고 농축하
여 모아둔다. 낮에는 기공을 완전히 닫고, 저장한 이산화 탄
소를 공급하여 광합성을 한다. 이렇게 낮과 밤으로 장치의
기능을 구분하여 수분 증발을 억제하는 데 성공했다.

본래는 일체였던 장치를, 기능을 분담하게 해서 둘로 나눈
다는 발상은 트윈캠 엔진과 비슷하다. 다만 그 구조는 다르다.
CAM 체제는 오히려 밤 동안 야간 전력으로 물이나 온수를
만들어 열에너지를 모아두었다가 낮에 이용하는 심야 전기
온수기와 비슷한 장치라고 할 수 있다.

선인장처럼 건조한 장소에서 사는 식물은 CAM 체제를 갖
추고 있다. 건조한 환경에 사는 식물은 식물에서 가장 기본적
인 체계인 광합성도 이렇게 구상한다.

물이 부족할수록 뿌리가 성장한다

─────── 선인장의 사례는 다소 극단적이지만, 다른 일반 식
물도 물이 부족한 건조 상태에 놓일 수 있다. 식물은 어떤 식
으로 건조한 환경과 싸워나갈까? 여기서는 일반 식물이 건조

한 환경에 어떻게 대응해나가는지 살펴보기로 하자.

식물의 성장에는 눈에 보이는 성장과 눈에 보이지 않는 성
장이 있다. 눈에 보이지 않는 성장이란 땅속에서 뿌리가 성장
하는 것을 말한다. 물이 풍부하면 식물의 뿌리는 의외로 성장
하지 않는다. 예컨대 식물을 수경*으로 재배하면 뿌리가 잘
자라지 않는다. 물을 쉽게 흡수할 수 있어서 뿌리를 뻗지 않
아도 되기 때문이다.

그런데 물이 부족하면 식물의 뿌리는 크게 성장한다. 식물
은 물이 부족할수록 물을 찾아 땅속 깊이 뿌리를 내리며, 많
은 뿌리털**이 발달하여 사방팔방으로 뿌리를 뻗는다. 건조
한 환경이 오히려 뿌리를 성장하게 하는 셈이다.

에도 시대의 『설법사료초説法詞料鈔』라는 책에는 다음과 같
은 구절이 나온다.

'예를 들어, 농작물은 가물면 시들고 비가 내리면 자란다.
이것은 사람 손으로 재배하기 때문이다. 봄철이면 길가에 나
는 풀은 흙에서 자연스럽게 생겨 사람 손을 거치지 않는다.

---

* 水耕, 흙을 사용하지 않고 물과 수용성 영양
분으로 식물을 키우는 방법
** 토양으로부터 수분이나 영양물을 흡수하
는 관상 조직

그런데도 대지가 물기를 머금어 가뭄에 시드는 일이 없다.'

　　인간이 정성껏 키우는 농작물은 가뭄에 시들어가는데 아무도 물을 주지 않는 길가의 잡초는 무성하게 자란다고 부러워한다. 바로 그렇다. 농작물에는 매일 물을 주지만, 잡초에 물을 주는 사람은 없다. 항상 예측할 수 없는 상황과 싸우는 잡초는 뿌리를 내리는 방법이 다르다. 깊이 내린 뿌리는 가뭄 때 힘을 발휘한다.

　　이처럼 식물은 건조한 환경에서는 무리하게 가지와 잎을 뻗지 않고 깊이 뿌리를 내린다.

건조할 때 늘어난다

─────　뿌리뿐만이 아니다. 물이 부족할 때야말로 절호의 기회라는 듯이 증식하는 식물도 있다. 예를 들면 논에 나는 잡초인 택사*가 그러하다. 택사는 물이 풍부한 논에서 자란다. 그런데 논에서는 벼의 성장을 조절하려고 중간 물떼기라고 해서 논에 댔던 물을 빼준다. 지금까지 모아둔 물을 한꺼번에 빼서 땅에 금이 갈 정도로 말리는 작업이다. 택사에게는

큰 위기가 닥친 셈인데 괜찮을까? 택사도 함께 말라버리지
않을까?

택사의 반응은 실로 늠름하다. 마른 택사는 심기일전해서
땅속의 덩이줄기**를 튼튼하게 한다. 덩이줄기는 토란이나
감자의 땅속줄기 같은 기관으로, 성장하는 데 필요한 에너지
를 축적하고 번식도 하는 장소다. 택사는 덩이줄기를 튼튼하
게 함으로써 증식한다. 논을 말리는 작업이 오히려 택사의 성
공으로 이어지는 셈이다.

감자라 하면 어쩐지 촌스럽고 바보스러운 인상이 있지만,
식물에게 땅속줄기는 실로 전략적 기관이다.

건조한 환경에서 식물은 줄기와 잎을 무성하게 늘리지 않
고 착실히 땅속에 영양을 축적한다. 영양 저장 기관이 땅속
줄기인 '덩이줄기'다. 덩이줄기 중에는 뿌리가 비대생장을 한
것과 줄기가 비대성장을 한 것이 있다. 예를 들어, 고구마는
덩이뿌리(괴근)라고 불리는 저장뿌리고, 감자는 덩이줄기(괴
경)라 불리는 땅속줄기가 비대성장을 한 것이다.

＊ 澤瀉. 볕이 잘 드는 습지에서 자라는 여러해
살이풀
＊＊ 괴경. 저장 기관의 구실을 하는 땅속줄기

택사는 착실히 땅속에 영양을 축적하며 건조한 환경에서도 증식한다.

이렇게 식물은 생육에 적합하지 않은 환경에 있을 때는 땅
속에서 착실히 힘을 모아 성장할 기회를 기다린다.

잡초는 약하다

——— S 전략 다음으로 R 전략을 살펴보기로 하자. R 전략
은 '교란 내성형'으로, 예측할 수 없는 심한 변화에 대응한다.

이미 앞에서 소개한 것처럼, 대표적인 R 전략 식물이 잡
초다. 잡초는 강하다는 인상이 있지만, 식물학적으로 잡초는
'약한 식물'이다. 이때 약하다는 것은 다른 식물과의 경쟁에
약하다는 뜻이다. 그래서 잡초는 강한 식물이 힘을 발휘할 수
없는 곳에 나서 자란다. 잡초는 자주 풀을 뽑아주는 밭에 나
기도 하고, 사람들의 발에 밟히기 쉬운 길가에 나기도 한다.
잡초는 약한 식물이지만, 그런 척박한 환경을 견디며 자라는
힘이 있다.

약한 식물인 잡초는 다른 식물과의 경쟁을 피한다. 그러나
절대 도망치지는 않는다. 잡초는 그 대신 더 어려운 환경에
도전해나간다. 요점은 어디에서 승부를 내냐는 점이다.

기회는 역경과 시련 속에 있다
_잡초의 숙명

────── 조건이 좋은 곳에서는 약한 식물이 강한 식물에 질 수밖에 없다. 강한 식물이 침입해오지 않을 것 같은, 조건이 나쁜 장소가 잡초의 서식지다. 말하자면 김매기가 빈번하게 이루어지는 밭이나 사람들에게 쉽게 밟힐 수 있는 역경에 처한 환경이 오히려 잡초가 생존하는 데 필요하다. 사람이 뽑아버리거나 밟는 곳은 어떤 식물에도 좋은 환경이라고는 말할 수 없다. 하지만 잡초는 이런 역경이 없으면 생존할 수 없는 숙명을 짊어지고 있다.

이런 잡초의 전략을 한마디로 말하면 '역경을 기회로 이용한다.'라고 할 수 있다. 잡초에게 역경은 견뎌야 하는 시련도, 극복해야 하는 대상도 아니다. 역경을 이용하여 성공하는 것이야말로 잡초에 깃든 혼의 참모습이다.

예를 들어, 말끔히 잡초를 뽑았는데도 일주일만 지나면 잡초가 다시 올라올 때가 있다. 잡초를 뽑으면 확실히 그 잡초는 제거되지만 잡초는 만일에 대비한다. 땅속에 무수한 잡초 씨를 준비해두는데, 이를 '종자 은행seed bank'이라고 한다. 이

렇게 잡초는 만일을 대비해 은행에 돈을 맡기듯이 위험을 관
리한다.

일반적으로 식물의 씨앗은 땅속에 있으므로 햇빛이 있으
면 싹을 틔우지 못한다. 반대로 잡초 씨는 햇볕을 쬐면 싹이
트는 성질이 있는 것이 많다. 이것은 어떤 이유에서일까?

잡초 씨는 땅속에서 발아할 기회를 기다린다. 잡초를 뽑으
면 땅이 뒤집혀 종자가 햇빛을 받게 된다. 햇빛이 쏟아져 들
어오는 것은 인간이 잡초를 뽑아 주위 식물이 없어졌음을 나
타내는 신호이기도 하다.

그래서 잡초 씨는 이때를 절호의 기회로 여기고 앞다퉈 싹
을 틔운다. 즉, 잡초를 뽑는 인간의 행동이 잡초의 발아를 유
도하는 셈이다. 그렇기에 잡초를 뽑으면 잡초가 오히려 늘어
나는 일까지 생기는 것이다.

역경은 순조로운 환경이다

──── 사람들은 밟히면서 꽃을 피우는 길가의 잡초를 보
고 감상적인 기분에 젖기도 한다. 그러나 잡초에게는 밟히는

것조차 기회다.

질경이라는 잡초는 비에 젖으면 씨에서 점액성 물질이 나와 끈적끈적해진다. 그 덕분에 사람 신발이나 자동차 타이어에 붙어 씨가 옮겨진다. 민들레 씨가 바람을 타고 이동하는 것처럼, 질경이 씨는 사람에게 밟혀 이동한다.

봄나물 중 하나인 별꽃은 시골길이나 밭에서 흔히 볼 수 있는 잡초지만, 의외로 도시 한복판에서도 자주 발견된다. 여기에는 이유가 있다. 별꽃 씨에는 별사탕처럼 돌기가 가득 붙어 있다. 별꽃 씨를 사람이 밟으면 그 돌기가 신발 바닥에 흙과 함께 붙는다. 이런 식으로 신발 밑에 묻은 별꽃 씨가 먼 곳까지 옮겨져서 왕래가 잦은 도시 한복판에서도 볼 수 있는 것이다.

그러니 질경이와 별꽃에는 사람에게 밟히는 일이 더는 역경도, 견뎌야 하는 고난도 아니다. 사람에게 밟혀야 종자를 퍼뜨릴 수 있으므로 밟히지 않으면 오히려 곤란해진다. 길가의 질경이와 별꽃은 도리어 지나가는 사람이 밟아주길 원한다.

제초기로 풀을 깎고 밭을 갈아 흙을 뒤엎는 것도 밭에 난 잡초 입장에서는 역경처럼 보인다. 그러나 밭에 있는 잡초는

질경이 씨는 비에 젖으면 씨에서 점액성 물질이 나와
사람에게 밟힘으로써 종자를 퍼뜨릴 수 있다.

별꽃 씨에는 돌기가 있어서 밟히면 신발 바닥에 붙어 도시까지 이동한다.

풀베기나 밭 경작으로 갈기갈기 찢어져도 뿔뿔이 흩어진 줄
기와 뿌리줄기 마디에서 뿌리를 내서 재생한다. 이래서 풀을
베거나 땅을 갈아엎으면 오히려 잡초가 늘어나 버리는 일이
생기기도 한다.

가라지(독보리)

제3라운드
식물 vs 병원균

병원균에 대처하는
식물의 방어 태세

식물의 항균물질은 건강 상품의 주역

───────   세상에는 항균 제품이라 불리는 것이 출시되고 있
다. 항균 스프레이와 항균 마스크, 항균 시트, 항균 플라스틱,
항균 비누 등 정말 다양한 제품이 우리 몸을 세균으로부터 보
호해준다. 항균물질은 다양하지만, 천연 성분이라 불리는 것
에는 식물에서 유래한 물질이 많다. 이 사실에서도 알 수 있
듯 식물은 매일 병원균과 싸운다. 그럼으로써 모든 식물은 항
균물질로 자신을 지켜나간다.

식물에 있는 항균물질은 이루 헤아릴 수 없이 많다. 예를
들어, 귤껍질에 들어 있는 리모넨limonene이라는 정유 성분은
세제에 사용되는 성분이지만, 원래는 귤의 과육과 씨를 지키
는 항균물질이다. 찻잎 속에 함유된 카테킨catechin도 항균 활
성이 있는 물질이다. 녹차의 카테킨도 원래는 병충해로부터

귤껍질에 들어 있는 리모넨은 병충해로부터 자신을 지키려는 항균물질이다.

자신을 지키려고 만들어졌다. 채소 중에는 알싸한 맛이나 떫은맛, 쓴맛이 나는 것이 있다. 이것 또한 원래는 병원균으로부터 자신을 지키려는 물질이다.

인간은 이러한 식물의 항균 활성을 다양한 방식으로 이용해왔다. 예컨대 고추냉이의 항균 활성은 생선의 부패를 방지할 수 있다. 또한 찰떡을 떡갈나무 잎이나 팽나무 잎으로 싸는데, 이것은 부패하기 쉬운 떡이 상하지 않도록 항균 활성이 있는 잎으로 싸는 것이다.

의류에 염색할 때 사용하는 쪽과 청바지를 물들이는 인도쪽 염료에도 항균 활성이 있다. 그 때문에 균으로부터 피부를 보호하는 용도로 작업복에 사용하였다.

이러한 식물의 항균물질은 인간의 건강에도 도움이 된다. 인간은 질병으로부터 자신을 지키고자 식물의 항균물질을 생약이나 약초로 이용해왔다.

식물은 생존에 필요한 것만 만든다

───── 항균물질만이 아니다. 식물에 있는 성분에는 인체에 좋은 것이 많다. 예를 들어, 안토시아닌anthocyanin과 플라보노이드flavonoid 같은 폴리페놀polyphenol과 비타민류 등의 항산화 물질도 건강에 도움이 되는 식물 성분이다. 식물에 있는 항산화 물질은 노화 방지나 미백, 동맥경화 예방, 암 예방, 항스트레스, 눈의 피로 개선 등 다양한 건강 효과를 낸다.

곰곰이 생각해보면 이상하다. 식물에는 왜 인간의 노화를 막기도 하고 피부를 좋게 해주는 물질이 있을까? 식물은 다양한 물질을 포함하지만 불필요한 물질은 만들지 않는다. 식물이 만들어낸 물질은 모두 식물이 살아가는 데 반드시 있어야 하는 물질인 것이다.

이 이야기를 하려면 식물과 식물 병원균의 장렬한 싸움 이야기부터 해야 할 것 같다.

어느 날 나뭇잎 위에서 벌어지는 비상사태

─────── 어느 날 나뭇잎 위에서 펼쳐지는 장면에 집중해보
자. 갑자기 비상사태를 알리는 신호가 잎 전체를 떠돌았다.
병원균이 나타난 것이다. 인간의 세계에 비유하자면 요란한
사이렌이 울려 퍼지는 상황이 아닐까? 그런데 눈도 귀도 없
는 식물이 어떻게 병원균의 출현을 감지할 수 있는 것일까?
잎 속에서 사이렌이 울리는 것은 아니다. 병원균의 도래를 알
리는 신호탄이 화학물질을 통해 세포에서 세포로 전달되어
간다. 사실 병원균은 식물에 유도체elicitor라는 물질을 방출한
다. 식물은 이 물질을 감지하여 병원균이 나타났음을 알아챌
수 있다.

　그러나 아직 일부분은 수수께끼로 남아 있다. 왜 병원균은
식물에 자신의 존재를 알리는 물질을 뿜어내는 것일까? 유도
체란 특정 물질의 이름이 아니라, 식물에 병원균이 감염되었
을 때 방어 반응을 유도하는 '유도인자'를 통틀어 이르는 말
이다. 식물은 병원균에서 나오는 물질을 감지하고 방어 태세
를 취한다.

　당연한 일이지만, 병원균이 일부러 식물을 위해 자기 존재

를 알릴 리는 없다. 유도체는 원래 병원균이 식물에 침입하는데 쓰이는 물질이다. 예컨대 도둑이 남의 집에 침입하려면 열쇠 구멍에 철사를 넣거나 공구로 유리를 깨거나 해야 한다. 그러면 이상을 감지한 도난 경보기가 울릴 것이다. 마찬가지로 병원균이 침입하려는 낌새를 식물도 알아차린다.

  외부에서 관찰하면 식물이 병원체가 방출한 물질을 감지해 방어하는 것처럼 보인다. 그래서 그 물질을 유도체라고 부른다. 병원균이 방출하는 물질뿐만 아니라 병원균의 몸을 구성하는 세포벽이나 병원균의 공격으로 파괴된 식물의 세포벽도 유도체가 된다. 식물은 이처럼 다양한 이상을 감지하여 방어 태세를 취한다.

유도체를 둘러싼 공방

———— 유도체는 병원균이 식물을 공격할 때 방출하는 물질이지만, 식물은 방어 체계가 발달해 있으므로 병원균이 단순하게 공격해서 식물체에 감염할 수는 없다. 식물의 방어 체계는 고도로 발달해서 거의 완벽하게 균의 감염을 막을 수 있

다. 세상에는 수많은 균이 있지만, 대부분 균은 식물의 방어 체계에 방해를 받아서 식물에 감염하지 못한다.

그렇다고 해도 실제로 식물은 병에 걸린다. 실은 극히 일부의 한정된 균만이 식물에 감염하는 데 성공함으로써 병원균이 된다. 병원균이라 불리는 균은 애초에 선택받은 균인 셈이다.

그럼 병원균은 완벽하다는 식물의 방어 체계를 어떤 식으로 돌파할까? 어떤 이상이든 감지하는 도난 경보기 장치를 돌파하려는 도둑을 예로 생각해보자. 적극적인 도둑이라면 우선 방범 장치를 정면 돌파하지 않고 방범 장치의 기능을 멈출 방법을 생각할 것이다. 방범 카메라가 있으면 그것을 가리고, 도난 경보기 선을 자르는 것이 보편적인 수법이다.

병원균도 마찬가지다. 식물의 완벽한 방어 체제를 돌파하기는 어려우므로, 병원균도 방어 체제를 고장 낼 방법을 고안했다. 식물은 병원균에서 나오는 유도체를 감지하고 방어 체계에 시동을 건다. 그때 병원균은 방어 체계가 작동되지 않게 하는 물질을 방출한다. 이것을 억제인자suppressor라고 한다. 이렇게 병원균은 억제인자를 이용하여 식물의 유도체 감지 장치를 고장 낸다.

물론 식물 역시 그냥 당하고 있지는 않는다. 병원균이 방출한 물질이라는 점에서는 유도체나 억제인자나 큰 차이가 없다. 그렇다면 이번에는 억제인자를 재빨리 느끼고 방어 체계가 작동되도록 감지 장치를 수정하면 된다. 즉, 억제인자가 식물에게 유도체가 되는 것이다.

다시 병원균도 가만히 있지는 않는다. 방어 체제를 돌파하는 것은 병원균에도 사활이 걸린 문제이기 때문이다. 그러므로 병원균은 새로운 억제인자를 발달시켜 방어 체제를 돌파하려고 시도한다. 그러면 식물은 다시 방어 체제가 그것을 감지하도록 발달한다.

식물과 병원균은 아주 먼 옛날부터 이런 다람쥐 쳇바퀴 도는 듯한 싸움을 반복하면서 함께 진화해왔다.

싸움의 시작

———— 식물의 방어 체계란 어떤 것일까? 먼저 중요한 것은 침입을 막는 일이다. 예를 들어, 성은 적의 침입을 막고자 성벽으로 주위 동네를 두르거나 우뚝 솟은 돌담을 세운다.

식물도 마찬가지다. 나무를 심고 물을 주면 잎이 물을 튕기는 것을 알 수 있다. 식물의 잎 표면은 두꺼운 왁스 층으로 씌어 있다. 이것이 성벽처럼 병원균의 침입을 막는다. 게다가 병원균은 수분이 있으면 번식하기 쉽다. 그러므로 식물은 잎을 왁스로 코팅해 젖지 않게 한다. 이렇게 해서 적이 공격할 근거지를 확보하지 못하도록 방해하는 것이다. 또한 왁스 층 아래의 벽에는 항균물질을 축적해둔다.

이렇게 높고 견고한 돌담과 물을 비축한 해자로 성을 지킴으로써 병원균의 침입을 막는다.

이것만으로는 적의 침입을 막을 수 없다. 적은 성을 공격할 때 성 입구인 성문을 공격할 것이다. 식물에도 침입하기 쉬운 입구가 존재한다. 그것이 '기공'이다.

식물의 잎 뒷면에는 기공이라는 호흡하는 데 쓰이는 환기구가 있다. 이 기공이 병원균의 침입구가 되어버리는 것이다. 유도체를 감지하면 식물의 체내에는 병원균의 침입을 알리는 신호가 전달된다. 식물은 먼저 적의 침입에 대비하여 기공을 닫는다.

싸움은 이제 막 시작되었을 뿐이다. 기공이 닫혔다고 해서 병원균이 침입을 포기할 리는 없다. 병원균은 세포벽을 부수고 억지로 들어가려고 한다.

식물은 세포벽의 부서진 부분에 세포 내 물질을 응집해서
방어벽을 친다. 그야말로 필사적인 항전이다. 그러나 병원균
의 공격은 무섭다. 방어벽을 무너뜨리는 것도 시간문제일 것
이다. 이제 싸움은 피할 수 없다. 드디어 전면적인 방어전이
시작된다.

산소는 폐기물이었다

———— 산소는 식물과 병원균의 싸움에서 중요한 구실을
한다. 왜 산소가 식물과 병원균의 싸움에 관여하는 것일까?

식물과 병원균의 싸움을 들여다보기 전에 먼저 산소가 어
떤 물질인지 살펴보기로 하자. 시대를 거슬러 36억 년. 그 당
시 지구에는 아직 산소가 거의 없었다. 그때 지구는 금성과
화성 등처럼 이산화 탄소가 대기의 주성분이었다. 지구에는
작은 미생물이 살았지만, 그 미생물은 산소가 아니라 황화 수
소를 분해하여 호흡했다.

거기에 등장한 것이 식물의 조상이 되는 식물 플랑크톤이

다. 식물 플랑크톤은 태양광을 이용하여 에너지를 만들어내
는 광합성 방법을 수중에 넣었다. 광합성을 통해 이산화 탄소
와 물을 재료로 에너지원이 되는 당을 만들어낸다. 이 광합성
으로써 만들어지는 에너지는 막대하며, 이 에너지 덕분에 식
물은 크게 자랄 수 있게 되었다.

그러나 광합성에는 결점이 있었다. 광합성의 화학반응으
로 당이 만들어질 때 산소가 나와버린다. 알고 보면 산소는
광합성에 따른 폐기물인 것이다.

당시 산소는 지구상에 거의 존재하지 않는 물질이었으므
로 광합성은 절대 친환경 순환형 체계라고 할 수는 없었다.
이러한 상황에 지구상에 증식한 식물 플랑크톤은 폐기물인
산소를 체외로 내뿜었다. 점차 대기 중의 산소 농도가 높아져
갔다.

의외라고 생각할지도 모르지만, 알고 보면 산소는 모든 것
을 녹슬게 하는 무서운 독성 물질이다. 철이나 구리 같은 견
고한 금속조차도 산소와 접촉하면 녹슬어 부슬부슬해진다.
물론 생명을 구성하는 물질도 산소와 접촉하면 녹슬어버린
다. 식물 탓에 대기 중의 산소 농도가 증가한 것은 환경오염
이기도 했다.

산소가 일으킨 생물의 진화

———— 식물이 대기 속에 방출한 산소는 지구환경을 크게
변모하게 했고, 결과적으로 생물의 진화에 극적인 변화를 가
져왔다. 산소는 지구에 쏟아지는 자외선에 노출되면 오존이
라는 물질로 변한다. 식물 플랑크톤이 배출한 산소는 이윽고
오존이 되며, 갈 곳 없는 오존은 상공에 쌓인다. 이렇게 만들
어진 것이 오존층이다.

재미있게도 오존층은 생명이 진화하는 데 뜻하지 않게 중
요한 구실을 해냈다. 예전의 지구에는 대량의 자외선이 쏟아
졌다. DNA를 파괴하는 작용을 하는 자외선은 생물에게 엄청
난 존재다. 살균에 자외선램프를 사용하는 것도 그 때문이다.

산소가 만들어낸 오존은 자외선을 흡수하는 작용을 한다.
식물이 만들어낸 폐기물이 축적되어 이루어진 오존층이 지
상에 쏟아지는 해로운 자외선을 차단해주게 된 것이다. 이에
따라 바닷속에 있던 생물이 지상에 진출할 수 있게 되었다.
그뿐만 아니라 산소 농도가 증가하는 가운데 독성이 있는 산
소를 체내에 받아들이는 생물도 등장했다. 이것이 산소호흡
을 하는 생물의 조상이다.

산소는 독성이 있는 반면에, 폭발적인 에너지를 만들어내
는 힘도 있다. 산소를 받아들임으로써 생물은 활발하게 돌아
다닐 수 있게 되었다. 그리고 풍부한 산소를 이용하여 튼튼한
콜라겐collagen을 만들어 몸을 거대화해나갔다. 이들 생물은 산
소를 받아들여 호흡하고 에너지를 만들어내고 나서, 그 폐기
물로 이산화 탄소를 방출한다.

이렇게 식물이 배출한 산소를 이용하는 생물이 출현함으
로써 지구상의 산소는 순환하게 되었다.

식물의 무기이자 방어 체계,
활성산소의 등장

─────── 식물이 만들어낸 산소는 지구환경을 크게 변모하
게 했으며, 생물의 진화에도 영향을 미쳤다. 산소는 원래 모
든 것을 녹슬게 하는 독성 물질이다. 그런데 더 녹슬기 쉽게
산소에다가 독성을 높인 것이 활성산소다.

식물은 활성산소를 무기로 이용한다. 병원균의 존재를 감
지한 식물세포는 즉시 활성산소를 대량으로 발생시켜 병

원균을 공격한다. 이런 활성산소의 발생을 산소의 대폭발 Oxidative burst이라고 부른다.

예전에는 활성산소가 공격력이 높은 무기였다고 볼 수 있다. 병원균이 진화를 이룬 오늘날 활성산소라는 무기는 너무나 고전적이다. 활성산소가 발생한다고 해서 기가 죽을 병원균은 없기 때문이다.

그러나 현재에도 이상할 정도로 대량으로 발생한 활성산소가, 공격하지는 않는다고 해도 방어 체계로서는 중요한 구실을 한다. 사실 활성산소의 대량 발생은 비상사태의 심각성을 주위에 전하는 신호가 된다. 신호에 따라 주위 세포는 긴급 태세를 갖추는 것이다.

활성산소가 발생하자 위기를 느낀 주위 세포는 병원균의 내습에 대비해 세포벽의 벽면을 단단하게 하여 방어력을 높인다. 그리고 항균물질을 대량으로 생산하여 병원균과의 싸움을 준비한다.

세포벽을 단단하게 하거나 항균물질을 생산하는 데는 시간이 걸린다. 그 때문에 준비가 다 되기 전에 병원균이 세포 속으로 침입해버릴 수도 있다. 이때는 식물세포도 비장의 수단을 꺼내 든다. 드디어 최종 결승전을 맞은 것이다.

결사적 작전 '적과 함께 자폭하라!'

──────   드디어 병원균의 침범을 받은 식물세포가 취한 최
후의 수단. 그것은 적과 함께 자폭하는 것이다. 병원균에 침
범을 당한 세포는 스스로 사멸한다. 병원균 대부분은 살아 있
는 세포 속에서만 생존할 수 있어서 세포가 사멸하면 세포 안
에 갇힌 병원균도 함께 죽음을 맞게 된다. 세포는 스스로 자
기 생명을 바치면서까지 식물체를 사수한다.

옆에서 보기에는 병원균이 침범해서 세포가 죽은 것처럼
보이지만 그렇지는 않다. 병원균 중에는 식물세포를 침범해
죽이는 것도 있지만, 대부분 병원균은 살아 있는 세포로부터
영양분을 빼앗아 살아가므로 침범한 식물이 완전히 죽어버
리면 오히려 사정이 어려워진다. 세포가 죽는 것은 병원균이
침범해서가 아니라 식물 쪽의 조절에 따라 세포가 스스로 사
멸하는 까닭이다.

세포가 스스로 죽는 현상을 '세포 자살apoptosis'이라고 한다.
이는 '프로그램화한 죽음'을 뜻한다. 이때 실제로 병원균이
침범한 세포뿐만 아니라 아직 침범하지 않은 주변의 건강한
세포도 자살한다. 산불이 났을 때 더 불이 번지지 않도록 아

직 불타지 않은 나무를 베어버리는 일이 있는데, 마찬가지로
식물도 병원균이 침입한 곳 주변의 세포가 죽어 없어지게 함
으로써 병원균의 확산을 막는다.

　식물의 잎에 반점 모양으로 갈변이 나타나는 현상을 볼 수
있다. 이것은 병원균의 공격을 받은 세포가 사멸해 얼룩덜룩
한 반점이 된 것이다. 그러나 실제로는 병의 증상이 나타난
것뿐만 아니라 세포가 자살해서 병원균을 가둔 흔적일 때도
적지 않다.

싸움이 끝나고

──────　이렇게 스스로 사라져버린 세포의 고귀한 희생으
로 말미암아 식물의 세계에 다시 평화가 찾아온다. 해피엔딩
으로 끝나는 것처럼 보인다.

　그런데 전혀 그렇지 않다. 식물의 싸움 이야기를 시작한 것
은, 인간의 노화를 막아주고 아름다운 피부를 유지하는 데 도
움을 주는 물질이 식물에 존재하는 이유를 설명하려는 것이
었다.

식물과 병원균의 싸움 이야기는 계속된다. 식물은 병원균과 싸우고자 독성이 강한 물질인 활성산소를 대량으로 발생시킨다. 멋지게 병원균을 격퇴한 뒤에는 싸움 과정에서 나온 대량의 활성산소가 남게 된다.

남아 있는 활성산소는 식물에도 악영향을 미치므로 제거해야만 한다. 이 과정에서 등장한 것이 식물에 있는 폴리페놀과 비타민 같은 항산화 물질이다. 이들 항산화 물질은 신속하게 활성산소를 제거하는 효과가 있다.

활성산소는 인체에서도 생산되는데, 세포를 상하게 해서 각종 증상을 일으킨다. 그런데 식물의 항산화 물질은 식물뿐만 아니라 인간의 활성산소까지도 깨끗이 치워준다.

물론 인간의 몸에도 활성산소를 제거하는 장치가 있다. 그러나 식물 쪽에 항산화 물질의 종류와 양이 훨씬 많다. 활성산소를 발생하게 했다가 제거하기를 자주 반복하기 때문으로, 인간은 식물이 함유한 항산화 물질의 도움을 받아야 건강을 유지할 수 있다.

다양한 효과가 있는 식물의 물질

────── 그뿐만이 아니다. 식물에서 유래한 성분에는 특징이 있다. 식물이 만들어내는 성분에는 여러 기능을 발휘하는 것이 많다.

　병원균과 싸우고자 식물은 다양한 항균물질과 항산화 물질을 생성한다. 이러한 화학 성분을 만들어내려면 원료와, 합성하는 데 필요한 에너지가 있어야 한다. 원래 성장에 사용해야 할 영양분과 에너지를 원료로 이용해야 한다. 너무 지나치게 병원균과 싸우는 데만 몰두한다면 성장이 더디다. 그렇게 되면 식물과 식물의 싸움에서 질 수밖에 없다. 사용할 수 있는 자원은 한정되어 있다.

　그러한 이유로 식물은 하나에 여러 기능이 있는 일석이조, 일석삼조의 물질을 만들어낸다. 일례로 안토시아닌은 활성산소를 제거하는 항산화 물질이다. 안토시아닌은 항균 활성도 함께 지닌다. 그뿐만이 아니다. 물에 녹아 삼투압을 높이며, 건조할 때는 세포의 보습력을 향상해서 저온 동결을 방지하는 기능도 있다.

　또한 안토시아닌은 붉은빛을 띤 자주색으로 발색하는 색

소라는 특징도 있어서 이 특징을 이용하여 꽃잎을 물들여 꽃
가루를 옮기는 곤충을 유인하며, 과일을 물들여 종자를 옮기
는 새를 꾀어낼 때도 사용한다. 장미꽃의 빨간색과 포도송이
의 보랏빛도 안토시아닌의 작용이다. 또한 안토시아닌 색소
는 자외선을 흡수하는 작용을 하므로, 식물의 몸체를 자외선
으로부터 보호하기도 한다. 대체 돌 하나를 던져서 몇 마리의
새를 잡은 것인가?

  안토시아닌의 예에서 보듯이, 식물은 다양하게 쓰일 수 있
는 다기능 성분을 많이 이용한다. 이 다기능 성분이 인체에서
도 뜻하지 않게 유용한 작용을 하는 것으로 알려져 있다.

악마에게 납치된 식물

———— 『신약성경』「마태복음」 13장에 가라지라는 식물
이야기가 등장한다. 가라지는 '독보리'를 말한다. 그 이름대
로 독이 있어서, 잘못해서 가축이 먹으면 중독을 일으키는 등
큰 피해를 보는 심각한 잡초다.「마태복음」에는 '사람들이 잠
자는 동안에 악마가 와서 밀밭에 가라지를 뿌리고 갔다.'라고

가라지는 독성분을 생성하는 균과 공존한다.

되어 있다.

이 가라지도 원래는 독성이 있는 식물이 아니었다. 그런데 왜 가축이 먹으면 중독을 일으키는 것일까?

사실 독이 있는 가라지는 네오타이포듐neotyphodium속 사상균에 감염되었다. 이 균이 독소를 내는 것이다. 가라지에 감염한 균은 자신이 거처하는 식물이 동물에게 먹히지 않도록 독성이 있는 물질을 생산한다. 이렇게 해서 아늑한 보금자리를 지키는 셈이다. 그렇다면 이런 독소를 내는 균에 감염된 가라지는 괜찮은 것일까?

악마와의 계약

──── 가라지에 감염한 균은 자기 멋대로 그 자리를 차지하고 살 뿐만 아니라 독성분까지 생산한다. 그런데 곰곰이 생각해보면 이 균은 가라지에게도 유익하다. 식물 스스로 독성분을 생산하려고 하면 그 나름대로 생산비가 든다.

이 균이 자신을 지키려고 독성분을 생산해주면 식물도 자기 몸을 가축에게 먹히는 일 없이 지킬 수가 있다. 가라지로

서는 균에게 영양분을 좀 빼앗긴다고 해도, 가축에게 먹히는 것보다는 낫지 않을까?

이리하여 가라지는 독성분을 만드는 균이 체내에 살도록 자리를 내주고 공존하는 길을 택했다. 가라지는 균에게 거처를 제공하고, 균은 부지런히 독성분을 만들어 식물의 몸을 지킨다. 이렇게 서로 도움을 주고받는 공생 관계를 구축한 것이다.

균은 먼 옛날부터 가라지의 체내에 정착했다. 이 균은 종자에도 감염하므로 한번 감염하면 자자손손에 이르기까지 감염이 계속된다. 4400년 전 파라오의 무덤에서 발견된 가라지 씨도 이미 균에 감염되어 있었다는 보고가 있다.

체내에 균을 받아들인 가라지가 결코 특수한 사례는 아니다. 가라지처럼 독성이 있는 물질을 생산하는 균을 체내에 받아들인 식물이 적지 않다.

이처럼 식물의 체내에 공생하는 미생물을 엔도파이트 (endophyte, 내생균)라고 한다. 엔도파이트는 '안쪽'을 의미하는 그리스어 '엔도endo'와 '식물'을 의미하는 '파이트phyte'의 합성어로, '식물의 안쪽'이라는 뜻이다. 우리말로는 '식물 내생생물'이라고 한다.

어느 쪽이 조종하는 것일까

─────── 엔도파이트란 특정 종류를 가리키는 말이 아니라
식물의 체내에 서식하는 미생물을 통틀어 이르는 말이다. 엔
도파이트라 불리는 미생물 중에는 균뿐만 아니라 세균도 포
함되며, 다양한 종류가 있다.

식물에 감염하는 미생물에는 크게 균류와 세균류가 있다.
균류는 곰팡이의 한 종류다. 균류는 세균류와 견주어 '진짜
균류'라는 의미에서 '진균'이라고도 한다. 발효 식품에 사용
되는 효모균이나 무좀의 원인인 백선균이 균류의 일종이다.

세균은 '미세한 균'이라는 이름대로, 균류보다 작다. 세균
류는 하나의 세포로 이루어진 단세포생물이다. 박테리아라
고 부르기도 한다. 우리 주변에서 볼 수 있는 세균류는 젖산
균과 대장균, 낫토균納豆菌 등이 있다.

참고로 질병을 일으키는 것으로는 이 밖에 바이러스가 있
지만, 바이러스는 생물에 포함되지 않는다. 바이러스는 스스
로 세포를 갖지 않고 다른 생물의 세포를 빌려 증식하는데,
생물은 자기 증식한다고 정의하므로 자신의 힘으로 증식하
지 않는 바이러스는 생물에 포함되지 않는다.

엔도파이트라 불리는 미생물 중에도 실제로 균류와 세균류 양쪽이 모두 있다. 이들 미생물은 가라지에서 본 것처럼 독성분을 만들 뿐만 아니라 다양한 생리 활성 물질을 생성해 유용한 작용을 식물 체내에서 일으킨다. 예를 들어, 동물에게 먹히지 않으려고 독성분을 생산할 뿐만 아니라 곤충을 피하고자 충해를 막는 물질을 만들어내는 엔도파이트도 있다.

식물 자신도 강화한다

────── 엔도파이트가 있어 식물 자신이 뜻밖의 능력을 발휘하는 일도 있다. 공생한다고는 하지만 엄밀하게 말하면 엔도파이트도 식물 체내에 침입한 미생물이다. 그러므로 식물은 적당히 자극을 받아 방어 장치를 준비한다.

물론 방어 장치를 계속 가동하면 에너지가 소모되어 식물도 지쳐버린다. 식물은 엔도파이트의 자극으로 말미암아 언제나 즉시 방어 장치를 가동할 수 있도록 대기 상태를 유지한다. 그래서 외부에서 병원균이 침입했을 때 즉각적이면서 강력하게 방어 장치를 작동할 수 있다. 마치 우리가 독감 바이

러스에 대항하고자 감쇠 인플루엔자 백신을 접종하는 것과
같다.

　또한 병해에 대응하는 방어 장치는 건조 같은 환경 내성 체
계와 공통되는 부분이 많다. 따라서 엔도파이트에 감염되면
식물이 건조한 환경에 강해지는 효과도 생긴다.

　물론 이러한 효과는 식물의 체내에 사는 엔도파이트에도
나쁜 일은 아니다. 엔도파이트는 자신이 서식하는 식물이 다
른 병원균이나 건조한 환경 때문에 죽으면 자기도 죽게 된다.
그러므로 자신이 서식하는 식물에 힘을 줘서 그 식물을 강하
게 하는 일은 매우 의미가 있다.

싸우며 공생한 균과 식물의 역사

──────　　이러한 미생물과의 공생은 절대 특수한 예가 아
니다. 식물이 균류와 공생하는 것은 극히 일반적으로 일어
나는 일이다.

　식물의 성장에 필요한 3요소는 질소, 인산, 포타슘(칼륨)이
다. 그런데 식물의 뿌리는 이 중요한 인산을 직접 빨아들일

수 없다. 인산은 흙 속에서 철분이나 알루미늄과 결합해 있어, 인산만 흡수할 수는 없기 때문이다.

그래서 대부분 식물은 수지상 균근균arbuscular mycorrhizal fungi 이라는 균의 도움을 받는다. 식물의 뿌리는 마치 스타킹을 신은 것처럼 균사에 싸여 있다. 이 균사가 수지상 균근균이다. 이 균 덕분에 식물은 인산을 추출해 흡수한다. 또한 균사가 수분을 흡수하므로 식물이 수분을 효율적으로 흡수할 수가 있다. 즉, 식물은 수지상 균근균의 도움을 받아 건조한 환경에 강해진다.

그래도 뿌리로 물을 흡수하거나 영양분을 흡수하는 기본적인 기능을 균의 도움으로 한다는 사실은 놀랍다. 이 공생은 역사가 아주 깊어, 수중에 서식하던 식물이 땅 위로 진출할 때부터 이어져온 것으로 보인다. 균과 식물과의 관계는 싸움의 역사인 동시에 공생의 역사이기도 한 것이다.

콩과 식물과 뿌리혹박테리아와의 공생 관계

───── 식물과 미생물의 공생 중에는 콩과 식물과 근류균

根瘤菌의 관계가 유명하다. 콩과 식물의 뿌리를 뽑아보면 몇 밀리미터 크기의 둥근 혹 같은 것이 많이 붙어 있다. 이 혹은 근류(뿌리혹)라 불리며, 혹 내부에는 근류균이라고도 하는 뿌리혹박테리아가 산다. 콩과 식물은 뿌리혹박테리아와 공생함으로써 공기 중의 질소를 수중에 넣는 힘든 일을 해낸다.

질소는 식물의 몸을 이루는 재료가 되는 물질이며, 식물의 성장에 필수적인 원소다. 일반적으로 식물은 흙 속의 질소를 흡수해서 이용한다. 그러나 척박한 땅에서는 흙 속에 있는 질소의 양이 한정되어 있다.

한편 질소는 지구 대기의 약 78퍼센트 정도를 차지하는 대기의 주성분이다. 만약 공기 중의 질소를 이용할 수 있다면 더는 질소를 확보하고자 수고하지 않아도 된다.

콩과 식물은 뿌리혹박테리아와 공생함으로써 그 꿈을 실현했다. 뿌리혹박테리아는 공기 중의 질소를 섭취하는 능력이 있는데, 콩과 식물은 뿌리혹박테리아를 체내에 살게 함으로써 대기의 주성분인 질소를 얻을 수 있게 되었다.

식물은 뿌리혹박테리아에게 거처와 영양분을 주고, 뿌리혹박테리아는 식물에게 공기 중의 질소 성분을 고정적으로 제공한다. 콩과 식물과 뿌리혹박테리아는 멋지게 주고받는 관계를 맺고 있다. 이처럼 서로 이익이 되는 관계를 '공생'이라고 한다.

공생에는 피나는 노력이 들어간다

─────── 콩과 식물과 뿌리혹박테리아의 공생 관계가 쉽게 구축된 것은 아니다. 사실 콩과 식물과 뿌리혹박테리아가 공생하는 데는 하나의 심각한 문제가 있었다.

뿌리혹박테리아가 공기 중의 질소를 추출하려면 엄청난 에너지가 들어간다. 그 에너지를 만들어내려고 뿌리혹박테리아는 산소호흡을 한다. 반대로 질소고정*에 필요한 효소는 산소가 있으면 활성을 잃어버린다. 즉, 산소는 반드시 있어야 하지만 산소가 있으면 곤란해진다.

그러므로 호흡에 쓰이는 산소를 운반하고, 여분의 산소는 재빨리 제거해야 한다. 이 문제를 해결하기 위해 콩과 식

* 공기 속의 질소 기체 분자를 원료로 하여 암모니아로 환원하는 과정

물은 대량의 산소를 효율적으로 운반하는 레그헤모글로빈
leghemoglobin이라는 물질을 몸에 지녔다. 우리 인간의 혈액 속
에 있는 적혈구에는 헤모글로빈이라는 물질이 있어, 폐에서
체내 세포에 효율적으로 산소를 운반한다. 콩과 식물에 있는
레그헤모글로빈은 인간의 헤모글로빈과 유사한 성질이 있는
물질이다.

놀랍게도 콩과 식물의 신선한 뿌리혹을 잘라보면 피가 번
진 것처럼 약간 붉은색으로 물들어 있다. 이것이 콩과 식물의
혈액, 레그헤모글로빈이다. 뿌리혹박테리아와의 공생을 실
현하고자 콩과 식물은 결국 혈액까지 손에 넣었다. 이것이야
말로 피나는 노력이라고 할 수 있지 않을까? 레그헤모글로빈
을 손에 넣음으로써, 콩과 식물과 뿌리혹박테리아는 함께 살
수 있게 되었다. 바로 피의 언약을 맺은 콩과 식물과 뿌리혹
박테리아의 공생 관계다.

콩과 식물과 뿌리혹박테리아는 어떻게 이런 공생 관계를
맺었을까? 뿌리혹박테리아가 콩과 식물과 공생하는 과정은
의외로 병원균이 식물에 감염하는 과정과 비슷하다. 그러니
까 뿌리혹박테리아와 콩과 식물의 관계가 맨 처음에는 적대
관계에서 시작되었으리라고 본다.

원래 뿌리혹박테리아는 병원균으로서 감염하려고 콩과 식물의 뿌리를 찾아왔다. 물론 콩과 식물도 감염되지 않으려고 격렬하게 저항했을 게 분명하다. 그리고 병원균과 식물이 치열한 전투를 벌인 결과, 아무래도 서로 싸우기보다는 서로 협력하는 것이 양측 모두에게 좋다는 결론을 내렸을 것이다. 이렇게 해서 콩과 식물과 뿌리혹박테리아는 공생 관계를 구축하기에 이른다.

뿌리혹박테리아를 맞이하는 콩과 식물의 자세

────── 뿌리혹박테리아는 성장해가는 콩과 식물의 뿌리에 살게 되었다. 이들은 어떻게 만나게 되었을까?

뿌리혹박테리아는 콩과 식물이 뿌리에서 뿜어내는 플라보노이드라는 물질에 의지하여 뿌리털의 끝에 도달한다. 그러면 뿌리혹박테리아는 식물에 어떤 물질을 방출하는데, 병원균이 식물에 유도체를 뿜어내는 것과 완전히 똑같다. 보통이라면 식물은 이 물질을 감지하고 방어 장치를 가동할 것이다.

그런데 뿌리혹박테리아를 대하는 콩과 식물의 반응은 다

르다. 뿌리혹박테리아가 방출한 물질을 인식한 콩과 식물의 뿌리는 마치 뿌리혹박테리아를 따뜻하게 맞아들이는 것처럼 모양을 바꿔 둥글게 감싼다. 그러면 뿌리혹박테리아는 콩과 식물에 응답하여 이끌리듯 세포 분열을 반복하면서 뿌리 안으로 들어간다.

이때 이상한 현상이 일어난다. 콩과 식물의 세포는 뿌리혹박테리아를 이끌듯이 뿌리 안에 원통형의 통로를 만들어간다. 흡사 환영하는 것처럼 말이다. 그리고 그 무렵, 뿌리털의 뿌리도 뿌리혹박테리아를 맞아들일 준비를 시작한다. 세포가 분열을 시작해 뿌리혹박테리아가 머물 방이 되는 뿌리혹을 만들려고 준비하는 것이다.

놀랍게도 콩과 식물의 뿌리에서 발견되는 뿌리혹은 뿌리혹박테리아가 만드는 것이 아니라, 식물 자신이 뿌리혹박테리아를 위해 준비한 것이다. 뿌리혹에 도착한 뿌리혹박테리아는 그곳에서 증식하여 질소고정을 시작한다.

일반적으로 식물의 뿌리털은 수분과 영양분을 흡수하는 데 쓰인다. 그런데 콩과 식물은 뿌리혹박테리아를 맞아들이고자 사용한다.

보이기 위한 우정

─────── 콩과 식물과 뿌리혹박테리아의 공생 관계는 언뜻 매우 아름다워 보인다. 콩과 식물과 뿌리혹박테리아가 사이 좋게 공생하는가 하면 꼭 그렇지는 않은 것 같다.

사실 뿌리혹박테리아에는 이상한 점이 있다. 뜻밖에도 질소고정균은 보통은 질소고정을 하지 않는다. 질소고정은 엄청난 에너지가 들어가는 큰 기술이다. 그 때문에 뿌리혹박테리아는 보통 때는 질소고정을 하지 않고, 낙엽 등을 분해하면서 검소하게 생활한다. 그런 뿌리혹박테리아가 콩과 식물에 들어가면 대변신을 해서, 부지런히 질소고정을 시작하게 된다.

안전한 거처와 풍부한 영양분을 받은 뿌리혹박테리아가 식물에 보답하고자 질소고정을 하는 것일까? 이미 소개한 것처럼 콩과 식물은 뿌리혹박테리아를 맞아들이려고 뿌리에 통로를 만든다. 그런데 이 통로가 입구부터 안쪽까지 계속 이어진 것은 아니다. 통로가 도중에 끊겨 더는 갈 수 없는 막다른 곳이 나온다.

콩과 식물이라고 모든 뿌리혹박테리아를 받아들이는 것은

아니다. 콩과 식물은 뿌리혹박테리아가 만들어내는 질소의
총량을 세세하게 확인한다. 그리고 전체 질소의 양을 보면서
맞아들이는 뿌리혹박테리아의 수를 신중하게 판단한다.

만약 뿌리혹박테리아가 충분히 질소를 공급할 것 같아서
이제 새로운 뿌리혹박테리아를 맞아들이지 않아도 된다면
뿌리의 통로를 막고 더는 뿌리혹을 만들지 않는다. 그러다가
질소가 부족해지면 뿌리의 통로를 열고 필요한 양만큼 뿌리
혹박테리아를 불러들인다. 즉, 콩과 식물의 뿌리에 들어간 뿌
리혹박테리아 대부분은 안쪽으로 초대되지 못하고 콩과 식
물의 가녀린 뿌리털 속에 갇혀 있는 것이다. 그뿐만이 아니
다. 질소고정 능력이 적은 뿌리혹에는 콩과 식물이 공급하던
양분을 끊어버린다.

콩과 식물은 자신의 몸 안으로 유인한 뿌리혹박테리아를
조절하며, 질소고정을 하는 일에 혹사한다. 얼마나 무서운 일
인가? 하지만 뿌리혹박테리아도 병원균으로서 식물에 감염
하려고 찾아왔으며, 감쪽같이 식물의 체내에 침입한 것이니
까 불평도 할 수 없을 것이다. 그야말로 '먹느냐 먹히느냐'의
상황이다.

겉으로는 사이좋게 공생하는 것처럼 보여도 전혀 방심할

수 없다. 결국은 이기주의와 이기주의의 충돌, 그것이 바로
자연계의 싸움이다.

공생으로 식물이 태어났다

———— 병원균은 무서운 존재다. 그러나 식물도 그대로 당
하고만 있지는 않는다. 엔도파이트와 뿌리혹박테리아의 예
에서 보듯 어떤 때는 식물이 교묘하게 병원균을 회유하여 양
쪽 다 이득을 얻어낼 타협점에서 공생을 도모해왔다. 또한 자
신의 체제에 미생물의 작용을 교묘하게 활용해왔다.

사실 원래 '식물'이라는 존재 자체가 미생물의 공생으로 태
어났다. 식물세포에는 광합성을 하는 엽록체라는 세포 내 기
관이 있는데, 이 엽록체는 이상한 것이 있다.

DNA는 세포 안의 핵 속에 있고, 핵이 분열함으로써 세포
가 분열해간다. 그런데 엽록체 속에는 핵과는 다른 독자적인
DNA가 있어서 세포분열과 관계없이 마음대로 분열해 증식
한다. 마치 엽록체 자신이 하나의 생물인 것처럼 행동하는 것
이다.

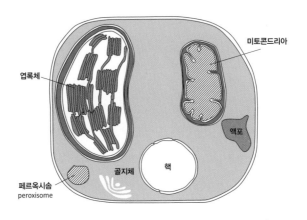

세포의 기능은 공생으로 만들어졌다

엽록체는 원래 독립된 생물이었다고 볼 수 있다. 엽록체는
광합성을 하는, 시아노박테리아(cyanobacteria, 남세균)라고 불
리는 세균이었다. 시아노박테리아가 단세포생물에 들어가
공생하게 된 것으로 본다. 이것이 바로 많은 연구에서 지지하
는 '세포 공생설'이다.

후에 엽록체가 되는 시아노박테리아는 광합성을 해서 세
포에 당분을 공급하고, 그 대신 세포 속에서 세포 내의 단백
질을 사용하여 증식했다. 그런데 세포와 시아노박테리아는
어떻게 해서 이런 공생의 구조를 만들었을까?

본래 시아노박테리아가 세포에 감염하고자 침입을 도모
했다고 본다. 아니면 반대로 단세포생물이 시아노박테리아
를 먹으려고 했다는 견해도 있다. 어쨌든 시아노박테리아와
단세포생물의 관계는 적과 아군이었다. 지금은 어느 쪽이 공
격팀이고 어느 쪽이 수비팀인지는 모르겠지만, 두 팀 사이에
치열한 공방전이 있었을 게 분명하다. 그 결과 서로 싸우기
보다 공생하는 편이 양측 모두에게 이득이라는 결론에 이르
게 되었다.

새로운 공생

─────── 이러한 공생은 엽록체뿐만이 아니다. 세포 속에는
산소호흡을 해서 에너지를 만들어내는 미토콘드리아라는 세
포 내 기관이 있다. 미토콘드리아 또한 엽록체처럼 자신의
DNA가 있다. 말하자면 미토콘드리아도 엽록체와 마찬가지
로 원래는 독립된 생물이었다고 볼 수 있다.

미토콘드리아는 식물세포뿐만 아니라 동물세포에도 있다.
인간의 몸 안에도 있는 미토콘드리아는 산소호흡을 해서 에

너지를 만들어내며, 현재 생물의 몸에 없어서는 안 되는 존재다. 알고 보면 미토콘드리아가 세포에 들어가 공생을 시작한 시기는 엽록체가 되는 시아노박테리아가 세포와 공생을 시작한 때보다 빨랐다.

광합성을 하는 시아노박테리아가 지구에 탄생한 것은 지금으로부터 27억 년 전이라고 한다. 지금까지의 미생물은 약간의 유기물을 분해하여 영양분을 만들어내며 살았다. 그런데 시아노박테리아는 햇빛이 있으면, 물과 이산화 탄소만을 원료로 해서 영양분을 만들어낼 수가 있다. 그 때문에 시아노박테리아는 단번에 지구상에 퍼져나갔다.

광합성은 물과 이산화 탄소로 당분을 만들어내는데, 그때 부산물로 산소를 배출한다. 앞에서도 말했듯이 원래 산소는 모든 것을 녹슬게 하는 맹독이다. 시아노박테리아는 맹독인 산소를 여기저기에 내뿜어 지구환경을 바꾸어버렸다. 그런데 지구의 산소 농도가 높아지자 유독한 산소를 이용하여 폭발적인 에너지를 만들어내는 박테리아가 탄생했다. 이것이 미토콘드리아의 조상이다.

미토콘드리아가 단세포생물과 공생함으로써 산소호흡을 하는 단세포생물이 태어났다. 그리고 미토콘드리아가 공급하는 막대한 에너지를 이용하여 발전을 거듭했다. 그것이 현재 동식물의 조상이 된 생물이라고 볼 수 있다.

이처럼 미토콘드리아와 공생한 생물 일부가 그다음에 시아노박테리아와 공생함으로써 엽록체를 손에 넣었다. 이렇게 해서 미토콘드리아만을 지닌 동물과 미토콘드리아와 더불어 엽록체를 지닌 식물이 탄생한 것이다.

당신이라는 이름의 생태계

────── 균이나 세균과 공생하며 그 도움으로 살아간다는 사실에 기묘한 기분이 들지도 모르나, 사실 인간의 몸도 공생으로부터 만들어졌다. 우리 몸의 세포 속에도 독자적인 DNA가 있는 미토콘드리아가 있다. 그 세포가 약 60조 개나 모여 우리 몸을 이루었다.

그뿐만이 아니다. 우리 몸속에는 많은 생물이 산다. 예를 들어, 우리 장 속에는 대장균과 젖산균 등 장내 세균이 살며, 음식을 분해한다. 한 사람의 장 속에 사는 장내 세균은 300종류 이상이나 되며, 그 수가 100조 개 이상인 것으로 알려져 있다. 이렇게 많은 생명이 우리 몸속에서 산다. 우리는 이들 장내 세균 없이는 살아갈 수가 없다.

또한 우리 인간의 피부 위에는 수많은 피부 상재균常在菌이 산다. 이들 균은 병원균이 피부에서 체내로 침입하지 못하게 막아준다.

이처럼 우리 또한 많은 생명과 함께 살아간다. 바로 우리 몸은 그 자체가 생명의 숨결이 넘치는 생태계와 같은 존재인 것이다.

쥐방울덩굴과 사향제비나비

정면충돌은
통하지 않는다

막강한 적을 물리치는 유일한 수단, 독살

─────   앞 장에서 소개한 것처럼 식물과 병원균의 싸움은
처절하다. 그러나 식물을 침범하는 적은 병원균만 있는 게 아
니다. 식물에게 가장 무서운 적은 곤충이다. 예를 들어, 잎을
망쳐놓는 박각시나방 유충*은 아주 일반적인 해충이다.

　박각시나방 유충은 닥치는 대로 잎사귀를 갉아 먹는다. 병
원균에 비하면 몸도 대단히 거대해서 커다란 괴수 같은 존재
다. 작은 병원균과는 세포 수준에서 역동적인 싸움을 벌일 수
있지만, 해충은 너무나 큰 적이다. 세포가 자살하는 미시적인
싸움으로 격퇴할 수 있는 상대가 아니다.

────────

＊ 나비와 나방의 애벌레 중 전신에 털이나 가
시기 없는 것

인간의 역사를 거슬러 올라가 보면, 정면으로 충돌해서는 도저히 이길 수 없는 막강한 적을 힘없는 자가 물리칠 수단이 하나 있다. 독살이다. 막강한 권력자가 의문스러운 죽임을 당할 때는 역사책에 기록되지는 않지만 그 뒤에는 독살이 있을 때가 적지 않다.

식물이 선택할 수 있는 수단도 인간과 마찬가지다. 힘이 없는 식물이 막강한 적인 해충을 쓰러뜨리려고 먼저 생각하는 방법이 독살이다. 따라서 식물은 온갖 독성 물질을 조합해 자신을 지킨다.

식물이 만든 화학무기

——— '독'이라고 하면 왠지 무시무시하다는 생각이 든다. 식물 중에 독초가 있긴 해도, 유독식물은 극소수이리라 생각하는 사람이 많을 것이다. 분명 '독'이라는 표현이 너무 강하게 느껴질 수도 있지만, 어쨌든 식물의 화학물질은 곤충을 격퇴하려는 것이다. 인간에게는 아주 약하거나 해가 없는 것이 대부분이다.

예를 들어, 박하(민트) 같은 허브의 향기는 원래 곤충을 격퇴하려는 물질이다. 식물이 인간을 진정할 수 있게끔 일부러 향을 내는 것은 아니다. 그것이 곤충에게는 독이라도 몸집이 큰 사람에게는 적당히 감각신경을 자극하여 여유를 주는 효과가 있다. 담배 성분인 니코틴nicotine은 원래 식물이 해충으로부터 자신을 지키는 물질이다. 니코틴도 지나치게 섭취하면 인간에게 해를 끼치지만, 소량일 때는 진정 효과가 있다.

채소에서 나는 알싸한 맛이나 매운맛, 쓴맛 등도 원래는 식물이 해충으로부터 자신을 지키고자 만들어낸 성분이다. 그 예로, 시금치의 알싸한 맛의 원인인 옥살산oxalic acid도 원래는 방어하는 데 쓰이는 물질이다. 또한 고추냉이와 양파의 매운맛 성분도 식물의 화학무기다. 다만 고추냉이와 양파는 화학무기에 몇 가지를 추가했을 뿐이다.

고추냉이의 화학무기는 시니그린sinigrin이라는 물질이다. 사실 시니그린 자체는 매운맛이 없다. 그런데 곤충이 갉아 먹어 세포가 손상되면 세포 내 시니그린이 세포 밖에 있던 효소와 화학반응을 일으켜, 알릴겨자유allyl isothiocyanate라는 매운맛이 나는 성분을 만들어낸다. 고추냉이를 곱게 갈수록 매운 것은 그만큼 세포가 손상되기 때문이다.

또한 양파의 화학무기인 알리신allicin도 있다. 세포가 파괴
되면 세포 밖에 있는 효소가 매운맛 성분인 알리신을 만들어
낸다. 양파를 자르면 눈물이 나오는 것은 알리신이 휘발성이
기 때문이다.

곤충을 격퇴하려고 위험한 성분을 항상 보유하는 일은 식
물 처지에서도 썩 기분이 좋지는 않다. 그래서 고추냉이와 양
파는 곤충에게 피해를 볼 때 즉시 방어 물질을 만들어내 적을
공격하는 구조로 되어 있다.

유럽에서 창가에 꽃을 장식하는 이유

─────   유럽을 여행하다 보면 건물 창가를 화분으로 장식
한 모습을 흔히 볼 수 있다. 아름답게 장식한 창가는 유럽의
아름다운 마을을 형성한다.

창가에 많이 장식하는 꽃은 제라늄이다. 단순히 거리를 장
식하려고 제라늄을 놓는 것은 아니다. 제라늄으로 장식하는
데는 이유가 있다. 제라늄은 향기가 있어 벌레가 싫어한다.
그것을 이용해 집 안에 벌레가 들어오지 않도록 하고자 창가

제라늄의 향기는 벌레로부터 자기 몸을 지키려는 화학무기다.

에 장신한 것이다. 또한 제라늄은 벌레를 퇴치함으로써 악귀가 들어오지 못 하도록 창문에서 집을 지키는 액막이로서의 임무도 담당했다.

물론 제라늄이 향기를 내는 것도 벌레가 접근하지 못하게 해서 자기 몸을 지키려는 것이다.

이처럼 많은 식물이 온갖 궁리를 짜내 제각기 다양한 화학무기를 만들어낸다. 곤충도 여기에 꺾여 주저앉지는 않는다. 어쨌든 식물을 먹지 않으면 자신이 죽기 때문이다. 그리하여 식물이 다양한 화학무기를 만들어내는데도, 곤충은 이를 극복하고 식물을 갉아 먹는다.

왜 편식하는 곤충이 많을까

───── 여뀌라는 식물은 아주 매운맛이 난다. 그러나 그런 여뀌조차도 잘 먹는 해충이 있다. 이처럼 식물은 다양한 물질로 자신을 지키지만, '반드시'라고 해도 좋을 만큼 그 식물을 해치는 곤충이 존재한다. 게다가 곤충 중에는 특정한 식물만 먹는 편식가도 많다.

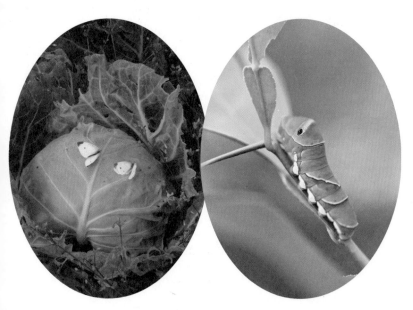

배추흰나비 유충은 십자화과 식물만 먹는다.   호랑나비 유충은 감귤류만 먹는다.

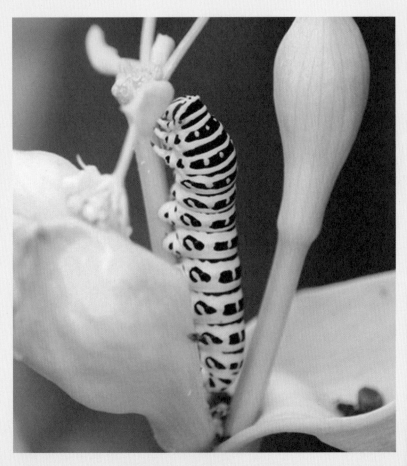

산호랑나비는 당근과 파슬리 등 산형과 식물만 먹는다.

예컨대 배추흰나비 유충은 양배추 등 십자화과 식물만 먹
는다. 다른 식물은 먹을 수 없기 때문이다. 마찬가지로 호랑
나비 유충은 귤 등 감귤류만 먹는다. 반면 호랑나비 중에서도
산호랑나비는 당근과 파슬리 등 산형과(미나릿과) 식물만 먹
을 수 있다.

이처럼 곤충 중에는 정해진 식물 외에는 먹지 못하는 것이
많다. 왜 곤충은 이렇게 편식하는 것일까?

모든 식물은 곤충에게 먹히지 않으려고 독성분을 만들고,
그에 따라 곤충은 독성분에 대응하여 진화해간다. 그러면 식
물은 다시 새로운 독성분을 만들고, 곤충은 그 독성분에 대응
한다. 이렇게 되면 일단 시작한 이상 도중에서 그만둘 수는
없다. 곤충으로서는 이제 와서 새로운 식물에 손을 내밀어 처
음부터 독성분을 돌파하는 방법을 찾아내기보다 조금 궁리
해 지금까지 먹어온 식물을 먹는 것이 빠르기 때문이다.

곤충이 식물의 방어를 뚫으면 식물도 다시 새로운 방어 방
법을 고안해낸다. 이런 식으로 반복하면서 어떤 식물과 어떤
곤충이 일대일 경쟁 관계처럼 진화해간다.

이렇게 되면 다른 곤충은 그 식물을 거들떠보지 않는다. 매
우 진화한 식물의 방어 체계를 돌파할 자신이 없기 때문이다.

계속 싸움을 반복해온, 식물의 경쟁자인 곤충만 서로 싸우다 간신히 그 식물을 먹을 수 있게 된다. 이처럼 일대일 관계에서 진화가 진행되는 것을 '공진화共進化'라고 한다.

독을 이용하는 나쁜 녀석들

─────── 그런데 세상에는 교활한 생물도 있다. 식물이 모처럼 만든 독성분을 역이용하는 나쁜 무리까지 나타났다.

쥐방울덩굴은 아리스톨로크산aristolochic acid이라는 독성분으로 자신을 지키는 독초다. 놀랍게도 호랑나빗과에 속하는 사향제비나비 유충은 독초인 쥐방울덩굴의 잎을 먹고 산다. 쥐방울덩굴의 독성분을 먹을 뿐 아니라 이 독성분을 자기 몸속에 축적한다. 포식자인 새는 이 독성분 때문에 사향제비나비 유충을 잡아먹을 수가 없다. 이렇게 해서 사향제비나비는 쥐방울덩굴의 유독 성분을 이용해 자신을 지킨다.

독성분은 자신을 보호하는 데 최고의 방어 물질이지만, 독성분을 만들어내기는 쉽지 않다. 그렇기에 사향제비나비는 쥐방울덩굴이 어렵게 만들어낸 독성분을 가로채버린다.

쥐방울덩굴은 자기 몸을 지키려고 독성분을 생산했다. 그
런데 사향제비나비에게 먹힌 것도 모자라 자신이 만든 독성
분까지 빼앗기게 되니 이루 말할 수 없을 정도로 분할 것이다.

사향제비나비는 체내에 쌓인 독성분이 자신을 지켜주므로
아무 걱정 없이 느긋하게 잎을 계속 먹을 수 있다. 박각시나
방 유충의 천적은 새다. 일반적으로 박각시나방 유충의 무리
는 잎의 뒷면에 숨어 잎을 먹거나, 낮 동안 숨어 있다가 어두
워지면 기어 나와 잎을 먹는다. 유독 성분으로 자신을 지키는
사향제비나비는 새에게 습격당할 걱정이 없다. 낮부터 당당
히 잎 위에서 잎사귀를 갉아 먹는다.

또한 보통 박각시나방 유충은 잎사귀처럼 녹색으로 위장
해 몸을 숨기지만 사향제비나비는 다르다. 검은색에 붉은 반
점이라는, 눈에 띄는 색상으로 자기 존재를 드러낸다. 먹을
수 있을 것 같으면 먹어보라는 듯이 새에게 경고색으로 자신
을 과시하는 것이다.

철저하게 이용한다

———— 쥐방울덩굴에서 빼앗은 독성분을 사향제비나비가
쉽게 놓을 리 없다. 얄밉게도 사향제비나비는 유충일 때 체내
에 쌓은 독성분이 성충이 된 후에도 사라지지 않는다. 마찬가
지로 사향제비나비 성충도 검은 날개에 붉은 반점이라는 독
살스러운 경고색을 띤다.

사향제비나비는 다른 나비보다 나풀나풀 느린 날갯짓으로
유유히 하늘을 날아다닌다. 이 또한 다른 나비로 오인해 먹히
지 않도록 일부러 눈에 띄게 해서 독성이 있는 나비라고 새에
게 알리는 몸짓이다.

그뿐만이 아니다. 사향제비나비는 차세대 알을 낳을 때, 알
표면에 독성분을 발라 쥐방울덩굴 위에 붙인다. 알을 깨고 나
온 유충은 먼저 자신의 알껍데기를 먹어 독성분을 손에 넣는
다. 그 이후에는 독초인 쥐방울덩굴을 먹어 독성분을 보급해
나간다. 이렇게 해서 체내에 쌓아놓은 쥐방울덩굴의 독성분
을 살아가는 동안 평생에 걸쳐 활용한다.

사향제비나비의 다른 이름은 '오기쿠벌레お菊虫'다. 괴담『반
슈 사라야시키*』에서 하녀 오기쿠는 소중한 그릇 한 장을 깬

죄로 참살되어 우물에 던져진다. 그 후 밤마다 오기쿠의 망령
이 원망스러운 듯 그릇의 수를 센다. 그 옛 우물에 두 손이 뒤
로 묶인 여성의 모습을 떠오르게 하는 섬뜩한 벌레가 수도 없
이 나타났다. 그것이 바로 오기쿠벌레다. 그러나 오기쿠벌레
는 접시가 부족하다고 울지는 않는다.

  정말 원망스럽게 생각하는 것은 오기쿠벌레라는 별명이
붙은 사향제비나비가 아니라 틀림없이 쥐방울덩굴일 것이다.

악취도 효력이 없다

———— 계요등鷄尿藤도 독성분으로 자신을 지키는 식물이
다. 계뇨등의 일본어 이름은 '오줌'과 '똥'에서 유래했다. 즉,
'분뇨 냄새가 나는 덩굴식물屁糞葛'이다. 더하여 우리나라 이름
의 뜻은 '닭똥 냄새가 나는 덩굴'이다.

✳ 播州皿屋敷. 주인이 오기쿠라는 아름다운
하녀를 맘에 들어 하자 이를 시기한 부인이 그
릇을 오기쿠에게 닦게 한 다음, 하나를 숨겨놓
고 절도죄로 몰았다는 이야기

　한마디로 계뇨등이라는 이름이 붙은 것은 냄새 때문이다.
이 냄새 성분이 페데로시드paederoside라고 불리는 물질이다.
페데로시드는 유황 화합물의 일종으로, 분해되면 메르캅탄
merkaptan이라는 구린내가 나는 휘발성 기체가 된다. 계뇨등은
이렇듯 냄새를 풍겨 자신을 지킨다.

　이 정도의 구린 냄새로 자신을 지키는데도 계뇨등에는 다
양한 해충이 붙는다. 계뇨등긴수염진딧물이라는 긴 이름의
진딧물도 계뇨등에 붙는 해충이다. 계뇨등긴수염진딧물은 악
취 성분을 아랑곳하지 않고 계뇨등의 즙액을 빨아버린다. 거
기에 그치지 않고 오히려 악취 성분을 자기 체내에 모아둔다.
그럼으로써 진딧물은 외부의 적으로부터 자기 몸을 지킨다.

　진딧물의 천적은 무당벌레다. 그러나 무당벌레도 악취가
나는 진딧물은 먹으려고 하지 않는다. 이렇게 되면 악취로 자
신을 지키려는 계뇨등의 전략은 완전히 예상이 빗나가버린다.

　진딧물은 눈에 띄지 않게 식물과 같은 녹색을 띠는 것이 많
지만, 계뇨등긴수염진딧물은 눈에 잘 띄는 분홍색이다. 자기
몸이 맛없다는 것을 과시하는 것으로, 사향제비나비가 눈에
잘 띄는 색상인 것과 똑같다.

　곤충은 식물의 만만치 않은 적이다. 곤충은 세대교체가 빠

'분뇨 냄새가 나는 덩굴식물' '닭똥 냄새가 나는 식물'이라는
뜻의 계뇨등은 구린 냄새로 자신을 지킨다.

르므로 다양하게 발달하기 쉽다. 그렇기에 식물이 모처럼 수
고해서 강력한 독성분을 모아도 결국에는 곤충이 독성분에
대응할 방책을 찾아내 방어 체계를 돌파해버린다. 독성분으
로 적을 격퇴하는 수단으로는 식물은 곤충의 공격을 피할 수
없다. 그럼 어떻게 하는 것이 좋을까? 강한 독성분이 아니라
오히려 약한 독성분을 사용하는 방법을 쓰면 된다.

약한 독을 사용한다
_먹히는 척하면서 쫓아내기

─────── 식물이 곤충의 공격을 완전하게 방어하려고 하면
곤충도 있는 힘을 다해 방어를 깨려고 하므로 결국 방어망이
뚫리게 된다. 그뿐만 아니라 모처럼 만든 독성분을 곤충이 역
으로 이용할 수도 있다.

이럴 때 식물은 어떻게 하면 좋을까? 아예 꼼짝 못 하게 하
는 것보다 조금은 먹혀도 당한 척하면서 피해가 커지지 않도
록 막는 것이 현실적이다. 그래서 식물은 몇 가지 발상으로
맞선다. 그중 하나가 곤충의 성장을 촉진하는 것이다.

쇠무릎(우슬)이라는 식물은 곤충의 탈피*를 촉진하는 성장 호르몬과 같은 물질을 생성해 천적인 유충이 빨리 성충이 되도록 돕는다. 곤충으로서는 탈피하게 해서 성장을 돕는 쇠무릎지기에게 감사해야 할 일처럼 보인다. 왜 식물은 얄미운 해충을 위해 친절하게도 그런 물질을 만들었을까?

사실 이것이 쇠무릎지기의 기발한 전략이다. 쇠무릎지기의 잎을 먹는 박각시나방 유충은 성장 과정에서 여러 번 탈피를 반복하여 성충이 된다. 그런데 쇠무릎지기의 잎을 먹으면 체내의 호르몬 체계가 교란을 일으켜 몸이 크기도 전에 탈피를 반복하다 빨리 성충이 되어버린다. 쇠무릎지기는 이렇게 박각시나방 유충이 잎 위에서 보내는 성장 기간을 최대한 단축함으로써 먹히는 양을 줄인다. 싫은 손님에게는 재빨리 기념품을 쥐여주고 일찍 돌려보내려는 것과 같은 전략이다.

식물이 곤충을 내쫓기 위해서는 곤충의 반격에 맞서야 한다. 곤충에게 먹히는 척하면서 쫓아내는 것이 그 방법이다. 얼마나 기발한 발상인가.

---

* 뱀이나 곤충이 자라면서 허물이나 껍질을 벗는 현상. 허물벗기라고도 한다.

식욕을 감퇴시키는 작전

———— 큰 피해를 막으려는 식물의 구상에는 곤충의 식욕을 감퇴하게 하는 작전도 있다. 떫은 감이나 차에 함유된 떫은맛을 내는 탄닌tannin도 곤충의 식욕을 감퇴하게 하는 대표적인 물질이다.

탄닌이라는 물질에는 여러 가지가 있다. 그중에는 안토시아닌 등 식물이 생산하는 다른 물질과 유사한 구조의 것이 많고, 비교적 생산하기도 쉽다. 식물이 뿌리에서 빨아올리거나 광합성으로 만들어내는 영양분에는 한계가 있으므로 곤충을 격퇴하는 데 쓰인다고 해도 방어 예산에는 제한이 있다. 그러므로 아무리 효과가 있는 물질이라도 생산하는 데 많은 물질을 원료로 쓰거나 많은 에너지가 소모되는 것은 사용하기 힘들다. 많은 식물이 탄닌을 이용하는 데는 생산하기 쉽다는 이점도 크게 작용한다.

탄닌은 단백질 등의 물질과 결합하여 응집하는 작용을 일으킨다. 찻잔의 안쪽을 갈색으로 물들이는 것도 탄닌의 작용이다. 또한 탄닌은 곤충에게 있는 소화효소가 변성하게 하는 특징이 있어서, 섭취되면 소화불량을 일으킨다. 해충의 식욕

이질풀의 탄닌은 떫은맛을 내며 소화불량을 일으켜 곤충의 식욕을 감퇴하게 한다.

을 감퇴하게 해서 잎을 먹지 못하도록 한다.

인간에게 탄닌은 설사를 멈추게 하는 약효가 있다. 탄닌이 음식물의 단백질과 결합하여 수렴 작용을 함으로써 설사를 멈추게 한다.

쥐손이풀과의 여러해살이풀인 이질풀은 이름에서도 말하고 있듯이, 옛날부터 설사를 치료하는 약초로 사용했다. 이 이질풀의 약효를 내는 성분 중 하나가 탄닌이다.

먹어야 살 수 있다_곤충의 반격

———— 탄닌은 앞에서 언급한 것처럼 식물에게 합리적인 방어 물질이다. 곤충도 이에 지고 있지는 않는다. 곤충으로서는 식물을 먹지 않으면 살아갈 수 없다. 식욕부진이라고 말할 처지가 아닌 것이다.

그래서 곤충도 다양한 대응책으로 탄닌을 이용하는 식물의 방어를 극복한다. 예를 들어, 왕물결나방(쥐똥나방) 유충은 자신의 소화효소 안에 탄닌의 작용을 막는 물질을 분비하여 탄닌에 대항한다. 이런 식으로 탄닌의 작용을 억제하면서 계

속해서 잎을 먹는다. 왕물결나방의 배 속에서 위액을 억제하
는 위장약과, 위장을 활발하게 하는 소화제를 동시에 마시는
듯한 화학전이 벌어지는 것이다.

결국에는 이 탄닌까지도 이용하여 자신을 지키는 곤충이
나타난 것을 보면, 곤충 또한 정말 만만치 않다. 식욕을 감퇴
하게 하는 탄닌을 이용하는 것일까?

오배자진딧물(오배자면충)이라는 진딧물은 붉나무*의 해
충이다. 오배자진딧물이 봄에 붉나무 잎의 즙을 빨아 먹으면
자극을 받은 붉나무의 식물체는 이상하게 비대해져서 오배
자진딧물을 에워싸듯 혹 모양이 된다. 이것을 일반적으로 충
영(蟲癭, 벌레혹)이라고 한다. 벌레혹은 곤충에게 자극을 받아
서 식물세포가 본래의 기능을 잃고 비정상적으로 증식하거
나 비대해져 혹 모양이 만들어진 것이다. 말하자면 식물의 암
세포 같은 존재다.

벌레혹이 형성되는 원리는 밝혀지지 않았지만, 오배자진
딧물이 자기 거처를 식물 체내에 마련하고자 의도적으로 식

---

* 옻나뭇과에 속하는 작은 낙엽 활엽 교목

식물의 암세포와 같은 벌레혹은 오배자진딧물이 붉나무 잎의 즙을 빨아먹으면 생긴다.

물세포를 조절해 만든 것으로 본다. 벌레혹은 오배자진딧물에게는 안락한 보금자리다. 오배자진딧물은 이렇게 벌레혹에서 보호를 받으면서 그 속에 계속해서 새끼를 낳는다. 물론 붉나무도 대항 수단을 마련한다. 방어 물질인 탄닌을 축적해 불법 침입자를 격퇴하고자 한다.

탄닌은 식욕 부진을 일으킬 뿐만 아니라 산화하여 세포를 단단하게 하는 작용을 한다. 이 효능 때문에 쉽게 벌레가 먹지 못한다. 과일과 채소의 단면이 공기와 접촉하면 갈색으로 변색하는데, 이 또한 탄닌이 산화해 단면을 지키려는 현상이다.

그러나 세포를 조절해 벌레혹을 만들 정도로 진화를 거듭한 오배자진딧물이 탄닌에 당할 리가 없다. 게다가 오배자진딧물은 식물체를 우적우적 먹어치울 뿐만 아니라 빨대 모양의 긴 입으로 식물 체내의 즙액을 흡수한다. 식욕 감퇴 작용도 그다지 효과가 없다는 말이다.

어부지리를 얻은 인간

────── 그런데 이야기는 그것으로 끝나지 않는다. 참패를
당해 비참한 붉나무를 보고 득의의 미소를 짓는 자가 있다.
바로 인간이다.

탄닌은 단백질 등 다양한 성분과 결합해서 물질이 안정하
게 하는 작용을 한다. 이 작용은 인간에게도 이용 가치가 높
다. 예를 들어, 탄닌은 색소가 안정하게 해서 염료나 잉크로
이용되어왔다. 또한 단백질의 콜라겐 섬유와 결합하면 가죽
을 단단하게 하므로 가죽을 무두질하는 데도 이용되었다. 화
학합성 기술이 없던 옛날에는 탄닌을 식물에서 채취할 수밖
에 없었다. 탄닌을 축적한 벌레혹은 인간에게 매우 유용한 것
이었다. 탄닌을 많이 함유한 붉나무의 벌레혹을 '오배자五倍子'
라고 부르며 귀중하게 여겼다.

'벌레혹'은 기생하는 곤충에게는 참으로 유용한 존재이다.
오배자진딧물뿐만 아니라 파리나 벌, 총채벌레, 바구미 등 다
양한 곤충이 다양한 식물에 벌레혹을 만들 만큼 진화했다. 또
그 벌레혹이 인간에게 기쁨을 준다.

그러나 잊지 말아야 할 것이 있다. 벌레혹에 대량으로 남은

탄닌은 슬프게도 식물이 필사적으로 저항한 흔적이라는 것
을 말이다.

알로 꾸며 속인다

──────   앞에서 '공진화'를 설명할 때도 소개했듯이, 곤충
은 독성분에 대응이 빠르다. 그렇기에 식물이 독성분으로 자
신을 지키는 데는 한계가 있다. 그렇다면 뭔가 다른 방법으로
자신을 지킬 수는 없을까?

예컨대 곤충의 세계에서는 자연물로 의태*를 해서 자신을
지키는 일이 많다. 대벌레목이나 자벌레는 나뭇가지처럼 꾸
며 자신을 지키고, 메뚜기나 사마귀는 잎과 비슷한 색상으로
자신을 보호한다.

이것은 곤충에게 가장 위협적인 천적이 새라서 유효한 수
단이다. 곤충의 천적인 새는 눈이 좋아서 의태로 속일 수가

──────

＊ 자신의 모양이나 색을 주위 물체나 다른 생
물과 비슷하게 바꾸는 일

있다. 그러나 식물의 천적인 곤충은 새처럼 시각으로 판단하지 않는다. 즉, 식물이 의태로 자신을 지키기는 어렵다.

의태로 자신을 지키는 식물이 있다. 바로 시계꽃이다. 시계꽃은 청산 배당체靑酸配糖體와 알칼로이드alkaloid 같은 독성분으로 자신을 지킨다. 그런데 독나비 유충은 이 독성분에 아랑곳하지 않고 시계꽃 잎을 먹고 자란다. 그뿐만이 아니다. 사향제비나비나 계뇨등긴수염진딧물이 그랬던 것처럼 독나비 유충도 시계꽃의 독성분을 자기 몸에 축적한다. 그리고 독나비는 시계꽃에서 빼앗은 그 독성분으로 천적인 새로부터 자신을 보호한다. 독나비라는 이름의 유래가 된 '독'은 사실 시계꽃에서 빼앗은 것이다.

그러면 시계꽃은 어떻게 하면 좋을까? 시계꽃은 궁리에 궁리를 거듭했다. 시계꽃 중에는 잎이나 잎의 밑동에 노란색 돌기가 난 것이 있다. 사실 이 노란 돌기는 독나비 알을 모방한 것이다.

시계꽃에 알을 낳는 독나비는 다른 독나비가 먼저 낳은 알이 있는 곳에는 알을 낳지 않는 성질이 있다. 한곳에 알을 너무 많이 낳아놓으면 먹을 잎이 모자라 유충끼리 서로 먹이를 놓고 다툴 우려가 있기 때문이다. 그래서 시계꽃은 이미 알

시계꽃은 독나비의 알을 모방한 노란 돌기로
독나비가 알을 낳는 것을 막아 자신을 지킨다.

을 낳아놓은 것처럼 꾸며 독나비가 자기 몸에 알을 낳지 못
하도록 막는다.

　그러나 불행히도 의태로 자신을 지키려는 방법이 어떤 곤
충에게나 유효한 것은 아니다. 독나비는 복안이 크고, 나비치
고는 눈이 좋다. 시계꽃은 독나비 눈이 좋다는 점을 역으로
이용해 속이는 것이다. 반대로 눈이 나쁜 곤충에게는 이 방법
은 효과가 없다.

천적에게 SOS 신호를 보낸다

─────── 　언제나 같은 독성분을 사용하면 해충에게 대응책
을 마련할 기회를 주게 된다. 그렇다고 해서 독성분을 강하게
하면 사향제비나비처럼 오히려 독성분을 수중에 넣는 나쁜
벌레가 나타난다. 모처럼 만든 독성분을 해충이 가로채 자신
을 지키는 데 이용하는 일이 생겨버리는 것이다. 그렇게 되면
식물은 참을 수 없는 지경에 이른다.

　그러고 보면 사향제비나비가 독성분을 해독하지 않고 재
사용하려고 한 것은 천적이 두렵기 때문이다. 자력으로 해충

을 격퇴하기보다 해충이 싫어하는 천적의 도움을 적극적으로 받는 것이 좋지 않을까?

해충에게 나뭇잎이 먹힌 식물은 정유essential oil라는 휘발성 물질이 발생한다고 한다. 정유는 테르펜terpene 등 병해충에 대항하는 물질로 구성된다. 그러나 식물을 먹이로 하는 해충이 그런 물질에 주춤할 리가 없다.

그래도 식물은 정유를 계속 방출한다. 먹혀가는 식물에서 나오는 휘발성 물질은 마치 도움을 요청하는 SOS 신호와 같은 것이기도 하다. '도와줘!'라는 비명과도 같은 휘발성 물질을 내뿜어도 움직일 수 없는 주변 식물은 도울 수가 없으니까 그냥 방관할 수밖에 없다.

다만 이러한 신호를 들은 주변 식물은 황급히 자신을 지키는 방어 물질을 만들어낸다. 상대가 아무리 도움을 요청해도 주변 식물은 어차피 강 건너 불구경이다. SOS 신호를 보내는 식물의 구조보다 자신의 안전이 훨씬 중요하다는 것일까? 매정한 것 같지만, 누구라도 자기 몸이 더 소중하다.

의도치 않은 영웅의 등장

─────── 식물의 "도와줘!"라는 외침이 허무하게, 실컷 먹어
치우는 해충. 주위 식물은 자기 몸만 염려할 뿐 전혀 도와줄
것 같지 않다. 더는 기대할 수 없다고 생각한 그때, 도움을 청
하는 목소리를 찾아 식물을 도우러 오는 자가 있다.

양배추와 옥수수를 재료로 한 연구에서, 식물이 방출한 보
러타일을 감지하고 박각시나방 유충의 천적인 기생벌이 찾
아오는 것을 알아냈다. 도움을 요청하는 신호를 듣고 달려온
영웅이다.

기생벌은 박각시나방 유충이 두려워하는 천적으로, 박각
시나방 유충의 몸속에 알을 낳는다. 그리고 알을 깨고 나온
기생벌의 유충들이 박각시나방 유충을 잡아먹는다. 식물에
게는 정말 고마운 영웅이다. 이처럼 식물이 뿜어내는 보러타
일은 곤충의 천적을 불러오는 물질로 작용한다.

기생벌이 식물을 돕고자 온 것이냐 하면, 꼭 그렇지는 않
다. 기생벌의 처지에서 보면, 박각시나방 유충은 알을 낳는
데 필요한 포획물에 지나지 않는다. 그러나 어디에 있는지
모르는 박각시나방 유충을 찾기는 쉽지 않다. 닥치는 대로

뒤져도 좀처럼 찾을 수 없기에 기생벌은 식물에서 나온 정유
로 먹이인 박각시나방 유충의 위치를 효율적으로 알아내려
고 한다.

자연계에 상부상조하는 생물은 존재하지 않는다. 어떤 생
물도 자기 좋은 대로 이기적으로 살아간다. 그러나 경위야 어
떻든 서로 득이 되는 관계가 구축되면 나쁠 것은 없다.

기생벌은 식물을 도울 생각이 추호도 없지만, 결과적으로
식물이 SOS 신호를 내보내면 해충을 퇴치할 정의의 아군이
달려오는 구조가 되었다. 식물에게는 이것으로 충분하다.

경호원을 고용한 식물

─────　기생벌을 불러들인 것처럼, 곤충의 힘으로 해충을
억제하는 방법은 대단히 효과적이다. 그래서 식물 중에는 강
한 곤충을 경호원으로 고용하는 식물이 나타났다. '강한 곤
충'이란…… 개미다. 뜻밖에도 개미는 곤충의 세계에서는 가
장 강한 곤충이다.

커다란 뿔이 있는 장수풍뎅이(투구풍뎅이)나 무서운 독침

을 지닌 말벌 등 다른 강한 곤충이 얼마든지 있을 것 같기도 한데, 어떻게 개미가 최강자가 되었을까? 개미는 떼를 지어 집단으로 덮쳐오므로 장수풍뎅이도 개미에 대적할 수 없다.

대부분 꿀벌이 벌집을 나뭇가지에 매달아 놓는 이유는 개미에 습격당하는 것을 두려워해서라고 알려져 있다. 말벌은 개미가 두려워 벌집 밑에 개미가 꺼리는 물질을 발라놓을 정도다. 식물이 최강자인 개미를 경호원으로 고용할 수만 있다면, 다른 곤충으로부터 자기 몸을 지킬 수가 있다. 그럼 어떻게 개미를 자기편으로 끌어들일 수 있을까?

식물이 만들어내는 꿀은 일반적으로 꽃에 있다. 그런데 잎의 밑동 등 꽃 이외의 장소에 '꽃밖 꿀샘花外蜜腺'이라는 꿀샘이 있는 식물이 있다. 이들 식물은 꿀을 보수로 지급하고 개미를 고용한다. 누에콩과 살갈퀴, 벚나무, 예덕나무, 감제풀, 고구마처럼 누구나 잘 아는 친숙한 식물도 잘 살펴보면 잎의 밑동에 있는 꿀샘에서 꿀을 분비해 개미를 불러들인다.

물론 식물을 지켜주어야 할 의무가 개미에게 있는 것은 아니다. 다만 꿀을 먹고 싶은 개미가 꽃밖 꿀샘에 접근하는 곤충을 쫓아낼 뿐이다. 그 결과 식물은 자신을 습격하는 해충으로부터 개미에게 보호를 받을 수가 있다.

입주 경호원을 고용한다

———— 개미를 자기편으로 삼으려고 더욱 환대하며 맞아들이는 식물도 있다. 그 식물은 놀랍게도 개미를 회유하고자 음식뿐만 아니라 개미의 가족이 살아갈 집까지 제공한다.

'개미식물'로 불리는 이들 식물은 가지 안에 공간을 만들고 그 속에 개미를 살게 한다. 물론 개미에게 먹일 음식도 호화롭다. 꿀 등 당분뿐만 아니라 단백질이나 지질 같은 모든 영양소를 개미에게 제공한다. 그 덕분에 개미는 이 식물 위에서 살아갈 수 있다. 그 대신 개미는 나뭇잎을 먹으려고 하는 모충* 같은 곤충으로부터 식물을 지켜준다.

유감스럽게도 추운 겨울이 있는 지역에서는 개미가 지하에 둥지를 틀어 월동을 해야 하기에 1년 내내 나무 위에서 지낼 수는 없다. 그렇다고 개미에게 주거지를 제공하려는 식물이 나타나지도 않을 것 같다.

월동 걱정이 없는 열대 지방에서는 후춧과나 마디풀과, 쐐

---

* 毛蟲. 몸에 털이 있는 벌레를 통틀어 이르는 말. 송충이, 쐐기벌레 등이 있다.

기풀과, 콩과, 대극과, 시계꽃과, 박주가릿과, 꼭두서닛과, 야자과 등 다양한 과에 속하는 식물이 비슷한 체계 속에서 개미와 공생하며 진화한다. 식물이 와달라고 애원하며 고용한 열대 개미는 염원하던 내 집까지 얻어 마음이 든든하다. 식물에 인간이 다가가도 개미가 적의를 나타내며 습격한다. 얼마나 듬직한 경호원인가?

그뿐만이 아니다. 개미는 식물의 주위에 돋은 다른 식물의 싹이나 줄기를 휘감은 덩굴을 잘라 없애기도 하고, 방해되는 주변 식물의 잎을 잘라 햇볕이 잘 들게 해 주기도 한다. 식물에게 더없이 고마운 존재다. 하긴 개미가 식물을 위해 이런 일을 하는 것 같지는 않다. 개미가 거주하는 곳은 식물이다. 개미는 단순히 자신이 거처하는 곳을 깨끗하게 청소하는 것뿐이다.

해충이 식물의 경호원을 회유하는 방법

———— 개미가 지키고 있어 해충도 좀처럼 식물에 접근할 수가 없다. 그러나 해충도 이에 지고 있을 수만은 없다. 해충

도 식물을 먹어야 살아갈 수 있기 때문이다. 그럼 어떻게 하
면 좋을까?

개미는 세상에서 가장 강한 곤충이다. 그렇다면 개미를 자
기편으로 만드는 수밖에 없지 않을까? 개미는 식물이 꿀을
주고 고용한 경호원에 불과하다. 잘 대우해주지 않으면 도중
에 자기편을 배반하고 적에게 붙을 수도 있다.

진딧물은 어떤 무기도 갖고 있지 않은 약한 해충이다. 그러
나 진딧물은 개미가 식물을 배반하도록 하는 데 성공했다. 진
딧물은 식물이 만들어내는 꿀보다 더 매력적인 감로甘露를 엉
덩이에서 내보낸다. 이 달콤한 꿀에 매료된 개미는 발칙하게
도 식물의 해충인 진딧물을 지키는 경호원이 돼버린다. 개미
가 식물을 보호하려고 진딧물을 몰아내기는커녕 오히려 진
딧물을 먹는 천적이 오면 쫓아내 진딧물을 지켜준다. 그러면
진딧물은 개미의 보호를 받으면서 유유히 식물의 즙액을 빨
아 먹는다.

식물의 처지에서 보면 얼마나 참기 어려운 일이겠는가? 자
신을 지켜주어야 할 개미가 이번에는 자신을 침범한 진딧물
을 지키고 있으니 말이다.

해충도 개미를 자기편으로 만들면 효과적일 것이다. 진딧

물 이외에도 가루이, 개각충(깍지벌레), 뿔매미 등 많은 해충
이 진딧물처럼 감로를 만들어내 멋지게 개미를 회유한다.

적조차도 이용한다

──── '자신만 좋으면 된다.'라는 것이 자연의 섭리다. 그
러나 자신만 좋으면 되는 상황에서는 이익이 상충하면 서로
불이익하다. 그보다는 식물과 기생벌의 관계에서 발견한 것
처럼 자신만이 이득을 얻는 것도 좋지만, 서로 이익이 되면
더욱 좋은 일이다. 식물은 '먹히는 것'을 역이용해, 곤충에게
먹히는 데 성공하는 길도 발견했다. '먹히는 것을 이용한다.'
라는 것이란 도대체 무엇일까?

  식물은 수분*을 하고자 꽃가루를 만든다. 옛날 식물은 바
람을 이용해 꽃가루받이하는 풍매화風媒花였다. 그러나 꽃가
루를 변덕스러운 바람에 실어 운반하는 방법은 그리 효율적

─────────

* 受粉. 수술의 꽃가루가 암술머리에 옮겨
붙는 일. 가루받이

이지 못하다. 이 방법으로는 꽃가루가 바람에 실려 어디로 갈
지 모르니 다른 꽃에 꽃가루가 도달할 가능성이 극히 낮다.
그 때문에 풍매화는 꽃가루를 대량으로 만들어야만 한다.

그 꽃가루를 먹이로 삼으려고 곤충이 꽃을 찾아왔다. 꽃가
루는 먹히기만 할 뿐이다. 곤충은 꽃에서 꽃으로 옮겨 다니며
꽃가루를 찾아 먹는다. 그런데 그 과정에서 곤충의 몸에 묻은
꽃가루가 다른 꽃으로 옮겨져 수분이 이루어졌다. 그 뒤 식물
은 곤충에게 꽃가루를 운반하게 하는 방법을 궁리하게 되었
다. 꽃에서 꽃으로 이동하는 곤충에게 꽃가루를 운반하게 하
는 방법은, 바람을 이용해 꽃가루를 옮기는 방법보다 훨씬 안
정적이고 효율적이다.

물론 곤충은 꽃가루를 옮기려는 것이 아니라 꽃가루를 먹
으며 다니는 것뿐이다. 그러나 식물은 곤충에게 먹히는 꽃가
루 분량을 고려하더라도 바람에 의지할 때보다 생산하는 꽃
가루의 양을 대폭 줄일 수 있게 되었다. 불필요하게 많은 꽃
가루를 만들지 않게 되자, 식물은 꽃가루를 생산하는 데 쓰던
에너지로 곤충을 불러들이려고 아름다운 꽃잎으로 꽃을 장
식하고, 매력적인 미끼로서 꿀을 마련하기 시작했다.

원래 곤충은 꽃가루를 먹으러 온 해충이다. 식물은 천적인

곤충을 교묘하게 이용하는 방향으로 진화했다. 처음에 꽃가루를 나른 것은 풍뎅이였다. 그런데 곤충과 꽃의 관계가 나아지자, 벌처럼 꽃에서 꽃으로 날아다니는 곤충이 진화했다. 그리고 꽃도 아름다운 색상과 복잡한 모양으로 진화해갔다.

서로 속이는 것이 이득인가

─────── 꽃은 곤충에게 꿀을 제공하고, 곤충은 그 대신 꽃가루를 운반한다. 얼마나 아름다운 공생 관계인가? 그러나 자연계는 눈 감으면 코 베어 가는 세계다. 서로 도와야 한다는 도덕심은 아예 없다. 반드시 우직하게 돕지 않아도 되는 것이다.

곤충을 속여 꽃가루를 옮기게 하는 식물도 있다. 곤충은 꽃향기를 맡고 찾아온다. 향기가 난다는 것은 거기에 꿀 같은 먹이가 있다는 곤충과의 약속이기 때문이다.

그런데 향기만 풍기고 꿀은 없는 식물이 있다. 그 예로, 좋은 향기를 풍기는 천남성天南星은 파리에게 꽃가루를 운반하게 한다. 천남성에는 암그루(자주)와 수그루(웅주)가 있는데,

해머오키드는 말벌의 암컷과 비슷하게 생긴 꽃으로
수컷 말벌을 유인하여 수분한다.

천남성은 향기를 풍겨서 한번 들어가면
밖으로 나가기 어려운 구조로 생긴
꽃으로 파리를 유인하여 수분한다.

암그루는 꽃가루를 옮겨온 파리를 꽃으로 유인해서는 파리
가 밖으로 나갈 수 없는 구조 안에 가둔다. 그러면 갇힌 파리
가 출구를 찾아 날뜀으로써 수분하는 것이다. 공생과는 거리
가 먼 잔혹한 처사다.

해머오키드drakaea glyptodon라는 난초의 한 종류는 꽃 모양이
말벌의 암컷과 비슷하다. 가짜 암컷에 이끌려 찾아온 수컷 말
벌이 짝짓기를 하려고 하면 말벌에게 꽃가루가 붙게 되어 있
다. 즉, 해머오키드는 꿀도 꽃가루도 말벌에게 주는 일 없이
성공적으로 꽃가루 운반을 완수하는 셈이다.

한편 곤충도 꽃가루를 운반해야 하는 의무는 없다. 그렇게
진화를 거듭한 것이 나비다. 나비는 긴 다리로 꽃에 앉아 긴
빨대 모양의 주둥이로 꽃꿀을 빨아 먹는다. 그 때문에 꽃가루
가 나비 몸에 붙지 않는 것이다. 인간은 아름다운 나비를 사
랑스럽게 보지만, 식물 처지에서 보면 식물과 곤충의 공생 관
계를 배반한 나비는 꿀 도둑이나 다름없다.

물론 계약을 맺은 것도 아니고 의무가 있는 것도 아니다.
자연계는 무슨 일이든지 있을 수 있다. 그런 의리 없는 자연
계에서도 곤충을 속여 꽃가루를 운반하게 하는 방법이 주류
는 아니다. 눈 감으면 코 베어 갈 것 같은 자연계에서는 모

든 생물이 이기적으로 행동하는데도 많은 식물과 곤충이 서로 도와 공생한다는 사실은 시사하는 바가 크다. 조금 속여 단기적으로 이득을 얻기보다 정직하게 서로 돕는 쪽이 양측 모두에게 유익하다고 결론을 내린 셈이다.

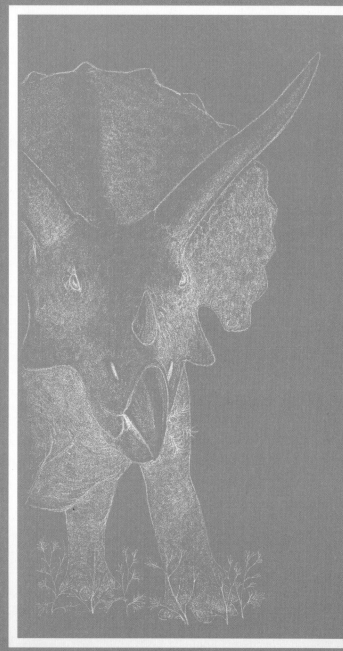

트리케라톱스

'먹고 먹히는' 관계에서
식물이 살아가는 법

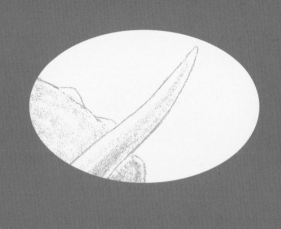

거대한 적, 동물의 등장

———— 환경이라는 보이지 않는 적과의 싸움, 경쟁자인 다
른 식물과의 싸움, 병원균과의 미세한 싸움 그리고 곤충이라
는 강력한 적과의 싸움. 이렇게 식물은 수없이 많은 싸움을
해왔다. 그래도 식물의 싸움은 아직 끝나지 않았다. 진행해갈
수록 거대한 보스 캐릭터가 등장하는 게임처럼 식물의 싸움
에도 결국 거대한 적이 등장한다. 그것이 바로 동물이다.

싸움이라 해도, 식물과 동물의 관계는 '먹느냐 먹히느냐'가
아니다. 항상 동물이 먹고 식물이 먹히는, '먹고 먹히는' 관계
다. 동물과의 싸움에서 식물은 일방적으로 먹힐 뿐이다.

식물이 먹히는 존재라는 것은 공룡시대도 마찬가지였다.
공룡에는 식물을 먹는 초식 공룡과 그 공룡을 먹는 육식 공룡
이 있다. 아주 먼 옛날부터 식물은 먹히는 존재였다.

식물은 어떻게 공룡에 대항했을까

───── 공룡이 잎이나 줄기 따위를 갉아 먹어 자신을 해치지 못하게 식물이 한 일은 무엇이었을까? 그것은 몸을 거대하게 하는 일이었다. 어쨌든 공룡은 몸이 엄청나게 크다. 이 공룡에 대항하고자 식물도 거대화했다.

공룡 영화를 보면 키가 수십 미터나 되는 거대한 식물이 숲을 이룬다. 거대한 나무는 쉽게 공룡에게 먹히지 않으므로 식물은 경쟁적으로 거대화해갔다.

물론 공룡도 이에 지지는 않는다. 공룡 중에는 아파토사우루스apatosaurus나 브라키오사우루스brachiosaurus처럼 목이 긴 대형 초식 공룡이 있다. 이들 공룡은 키가 큰 나무의 잎을 먹을 수 있게 진화해갔다. 목이 긴 공룡이 출현하면 식물은 더욱 거대화한다. 그리고 식물이 거대화하면 초식 공룡은 더욱 목이 길어진다. 이렇게 식물과 공룡은 함께 대형화해갔다. 거대하다는 것은 싸움에서 이긴다는 의미였다.

이런 현상은 당시 기후와 관련이 있다. 공룡이 번성한 시대는 기온도 높고, 광합성에 필요한 이산화 탄소 농도도 높았다. 따라서 식물도 성장이 왕성하고 거대해질 수 있었다.

속씨식물의 확대와 공룡시대의 종언

────── 공룡이 멸종한 이유는 명확하지 않지만, 소행성이
지구에 충돌하면서 생긴 분진이 지구환경을 한랭화한 것과
관련이 있다고 본다. 공룡 멸종을 설명하는 몇 가지 가설에는
그 밖의 이유로 공룡이 멸종을 향해 쇠퇴한 것은 아닌가 하는
견해도 있다.

그 원인 중 하나가 식물의 진화다. 공룡이 번성했던 중생대
쥐라기 후기에서 백악기에 걸쳐 식물도 극적으로 진화했다.
쥐라기에는 대형 침엽수가 번성했지만, 백악기가 되자 꽃을
피우고 마침내 열매를 맺는 속씨식물이 퍼져나갔다.

속씨식물의 진화는 명확하지 않고, 아직 많은 부분이 수수
께끼로 남아 있다. 그러나 환경이 변화해 온난하고 안정된 기
후에서 기온이 한랭화해가는 가운데 속씨식물이 탄생한 것으
로 보는 견해가 많다. 더구나 속씨식물은 대형 거목에서 소
형 풀이 되는 진화 과정을 거쳤을 것으로 보인다.

대형 침엽수는 시간을 들여 몸을 거대하게 키운다. 한편 초
본인 속씨식물은 재빨리 자라 꽃을 피운다. 그리고 곤충이 꽃
가루를 운반하게 함으로써 효율적이고 안정적으로 수분할

수 있게 되었다. 그 결과 짧은 주기로 세대교체를 반복하면서 진화해갔다고 추측할 수 있다.

고사리 같은 겉씨식물과 경쟁하며, 대형화의 길을 걷던 초식 공룡이 진화의 속도를 따라가지 못한 것은 충분히 이해할 수 있다. 예를 들어, 공룡은 속씨식물을 소화하는 효소가 없었으므로 그것을 섭취한 공룡에게 소화불량이 일어났다고 한다. 실제로 진화한 속씨식물이 분포를 넓혀가던 그때, 말기의 공룡은 한쪽으로 내몰린 겉씨식물과 함께 발견되었다. 속씨식물의 분포가 확대하자 겉씨식물은 분포 범위가 좁아졌고, 공룡 역시도 거주지에서 쫓겨났는지도 모른다.

속씨식물을 먹는 공룡

────── 물론 공룡이 전혀 진화하지 않은 것은 아니다. 속씨식물을 먹도록 진화한 공룡도 있다. 아이들에게 인기 있는 트리케라톱스triceratops는 꽃이 피는 속씨식물을 먹을 수 있게 진화한 공룡이다.

지금까지의 초식 공룡은 겉씨식물과 경쟁하면서 거대해졌

고 키가 큰 나무의 잎사귀를 먹을 수 있도록 목이 길어졌다. 하지만 트리케라톱스는 다르다. 트리케라톱스는 다리가 짧고 키도 작다. 게다가 머리는 아래를 향해 붙어 있다. 이것은 분명히 땅에서 자라는 화초를 먹는 데 적합한 형태다.

식물을 먹는 트리케라톱스의 모습을 상상하면, 그것은 마치 풀을 뜯는 소 또는 코뿔소와 흡사하다. 기능성을 추구한 결과, 종류는 달라도 비슷한 형태로 진화하는 것을 수렴 진화收斂進化라고 한다. 그 예로 어류인 참치와 포유류인 돌고래가 유사한 유선형의 모양을 하고 있거나 포유류인 두더지와 곤충인 땅강아지가 땅속 생활에 적합하게 비슷한 모습을 한 것도 수렴 진화다. 트리케라톱스, 소 그리고 코뿔소가 비슷한 것 또한 수렴 진화의 예라고 할 수 있겠다.

그러나 속씨식물의 진화 속도는 공룡의 진화보다 확실히 앞섰던 듯하다. 트리케라톱스조차도 식물의 진화에 따라가기는 어려웠던 것으로 보인다.

유독식물이 공룡을 쫓아냈다

———— 공룡이 멸종한 요인의 가설 중에는 '알칼로이드 중독설'이라는 것이 있다. 속씨식물은 진화하면서 해충의 피해에서 벗어나려고 알칼로이드라는 독성분을 몸에 지녔다. 이 식물을 먹은 공룡은 중독으로 목숨을 잃었다.

현대에도 '살아 있는 화석'으로 불리는 원시적인 속씨식물 중에는 독성이 있는 식물이 많다. 속씨식물이 독성 물질을 획득한 명확한 이유는 잘 알려지지 않았다. 그러나 최소한 속씨식물의 독성분은 공룡에 막대한 피해를 불러왔을 것으로 생각된다.

인간 같은 포유동물은 독성이 있는 것을 '쓴맛'으로 인식하고 거절하지만, 파충류는 독성 물질에 둔감하다고 한다. 공룡도 유독식물을 식별하지 못하고, 지나치게 섭취해버린 것은 아닐까? 공룡시대 말기의 화석에서는 기관이 이상하게 비대하고 알껍데기가 얇아지는 등 중독으로 보이는 심각한 생리 장애를 볼 수 있다고 한다. 그러고 보면 공룡이 현대에 되살아나는 내용의 SF 영화 『쥬라기 공원Jurassic Park』에서도 트리케라톱스가 유독식물에 중독되어 누워 있는 장면이 나온다.

캐나다 앨버타Alberta주 드럼헬러Drumheller에서 공룡시대 말기의 화석이 많이 발견되었다. 이 지역의 7500만 년 전 지층에서는 트리케라톱스 등 각룡角龍이 여덟 종류나 발견되었지만, 그 1000만 년 후에는 각룡이 단 한 종류로 감소해버렸다고 한다.

한편 그동안에 포유류의 화석은 열 종류에서 스무 종류로 증가했다. 어쩌면 공룡 멸종의 직접적인 계기는 소행성의 충돌인지도 모르지만, 아무튼 식물의 진화에 따라 공룡이 차츰 쇠퇴의 길을 걷게 된 것은 분명하다.

새로운 적으로부터 자신을 지키는 법

─────── 공룡이 멸종함으로써 식물과 공룡의 싸움도 끝이 났다. 그 뒤 식물의 새로운 적은 포유류다. 그러나 이제는 공룡시대처럼 거대화해서 싸울 수는 없다. 지구의 기후가 크게 변동했기 때문이다.

조산운동 결과 대륙의 융기가 진행됨에 따라 대지의 암석이 풍화할 때마다 이산화 탄소를 흡수해갔다. 그러자 대기 중의 이산화 탄소 농도가 급격히 감소해버렸다. 그 때문에 공룡 시대처럼 식물이 거대화할 수 없게 되었다.

그러면 식물은 어떻게 포유류의 위협으로부터 자신을 지켜야 할까? 유효한 대항 수단 중 하나는 독성분을 준비하는 것이다. 곤충을 방어하는 데 준비한 독성분은 그다지 성과를 내지 못했지만, 포유류를 상대할 때는 매우 유효한 수단이다.

곤충은 수가 많고 세대교체도 빠르므로 독성분을 준비해도 수많은 벌레 중 일부가 살아남아 독성분이 듣지 않는 벌레를 증식한다. 모처럼 준비한 독성분도 곧 듣지 않게 되어버린다. 한편 포유류는 새끼를 많이 낳지 않고, 곤충처럼 대량으로 증식하지도 않는다. 거기다 세대교체도 느려서 독성분이 듣지 않는 개체가 발달하기 어렵다.

적이 죽길 바라기보단 함께 진화하기

———— 독성분을 먹고 죽으면 안 되므로 포유류도 독을 감지하는 능력을 습득했다. 인간은 유독 성분을 입에 넣으면 혀가 감지하여 쓴맛이나 매운맛을 느낀다. 그 덕분에 독성분을

먹지 않고 뱉어낼 수가 있다. 인간의 미각은 음식을 맛보려고
발달한 것이 아니다. 영양가가 높고 안전한 것은 달콤하고,
해로운 것은 씁쓸하다는 것을 알고 위험으로부터 생명을 지
키고자 획득한 것이다.

　그렇긴 하지만 포유동물이 미각을 획득한 사실은 식물도
반길 만한 일이었다. 모처럼 유독 성분을 만들었는데, 덩치가
큰 동물이 유독 성분이라는 것도 모르고 죽을 때까지 계속 먹
는다면 어떻게 될까? 적인 포유류가 마지막에는 죽는다고 해
도 그때까지 꽤 많은 양의 잎을 먹어버릴 것이다.

　식물도 상대가 죽기를 원하지는 않는다. 그보다는 한 입 입
에 넣은 시점에서 먹으면 안 된다고 판단하여 더는 먹지 않는
것이 식물에는 더욱 좋은 일이다. 어쩌면 포유동물에게 쓴맛
으로 유독 성분을 인식하는 기능이 진화하자, 식물도 쓴맛으
로 인식되기 쉬운 물질을 만듦으로써 포유동물과 함께 진화
해갔는지도 모른다.

독을 극복한 초식동물의 진화

───── 개나 고양이는 초콜릿을 많이 먹으면 중독을 일으켜 죽을 수도 있다. 이것은 카카오에 들어 있는 테오브로민 theobromine이라는 알칼로이드가 개나 고양이에게는 독성분이기 때문이다. 인간은 이 테오브로민을 쓴맛, 즉 유독 성분으로 감지해도 적당한 쓴맛으로 느껴 즐겨 먹는다. 테오브로민은 유독 성분이지만, 인간은 이 유독 성분을 대사하여 무독화할 수가 있다. 인간이 채소로 먹는 양파와 대파도 개나 고양이에게는 독성 식물이다.

인간은 식물을 먹는 동물이므로 어느 정도 식물의 유독 성분에 대항할 수단을 갖추고 있다. 반면 개나 고양이는 원래 육식동물이며, 산이나 들에서는 식물을 먹는 일이 없다. 그 때문에 식물의 독성분을 지각하고 방어하는 체계가 발달하지 않아 독성분에 완전히 무방비 상태다. 개나 고양이에게 유독한 초콜릿을 인간이 맛있게 먹을 수 있는 것은 그만큼 식물을 방어하는 인간의 능력이 진화해온 증거이기도 하다.

한편 토끼는 마취하기 전에 투여하는 약물인 아트로핀 atropine이 듣지 않는다고 한다. 아트로핀은 가짓과 식물에 있

는 알칼로이드다. 초식동물인 토끼는 식물을 방어하는 수단
이 발달한 결과, 이 알칼로이드조차도 분해하는 효소가 있다.
먹이가 풍부한 환경이면 독초를 먹지 않는 것이 현명하지만
먹이가 제한된 장소에서는 독초라도 먹어야 살 수 있다. 토끼
는 알칼로이드를 분해할 수 있도록 진화해왔다. 약한 동물인
토끼는 독초를 먹이로 삼음으로써 대형 초식동물과 먹이를
놓고 경쟁하지 않아도 되는 이점도 생긴 셈이다.

오스트레일리아에 사는 코알라는 유칼립투스^{eucalyptus} 잎
을 먹는 것으로 유명한데, 유칼립투스는 독성 식물이다. 코알
라가 유칼립투스밖에 먹지 않는다는 것은 독초만을 먹이로
삼는다는 뜻이다. 코알라는 맹장이 2미터나 되는데, 이는 포
유류 중에서 가장 길다. 이 맹장 내의 세균이 유칼립투스의
독을 해독한다.

이처럼 포유동물도 식물이 함유한 유독 성분을 속수무책
으로 보고만 있지는 않는다.

유칼립투스에는 유독 성분이 있지만,
코알라의 맹장에는 이를 해독할 수 있는 세균이 있다.

모든 식물이 유독식물이 아닌 까닭

──────   유독 성분을 만드는 전략은 포유동물에게는 매우
유효한 수단이다. 그럼 왜 모든 식물이 독성이 있는 유독식물
이 되지 않는 것일까?

앞에서 언급했듯이, 식물은 병원균이나 해충과 싸우려고
항균물질 같은 다양한 물질을 함유한다. 이들 물질은 대부분
탄수화물로 만든다. 탄수화물은 광합성을 하면 생산할 수 있
으므로 식물이 자라다 보면 얼마든지 만들어낼 수 있다.

한편 알칼로이드는 질소 화합물을 원료로 해서 만든다. 질
소는 식물이 뿌리로 흡수하는 귀중한 자원이다. 식물이 성장
하려면 질소는 반드시 있어야 한다. 그런데 식물이 알칼로이
드 같은 독성분을 생산하려면 성장하거나 종자를 만드는 분
량에서 그만큼 질소를 삭감해야 한다. 지금까지 살펴봤듯 식
물이 포유동물하고만 싸우는 것은 아니다. 특히 다른 식물과
는 항상 싸운다. 그렇기에 성장 속도가 둔화하거나 종자의 수
가 줄어드는 것은 생존에 치명적이다.

식물이 많아 서로 경쟁하는 곳에서는 포유동물에게 그렇
게 자주 먹히지는 않는다. 따라서 포유동물에게 조금 먹힌다

고 해도 독성분을 만드는 에너지로 나뭇가지와 잎을 늘리는
것이 더 합리적이다.

가시로 자신을 지킨다

─────   식물이 자신을 지키는 장치 중에는 물리적인 무기
도 있다. 가장 대표적인 식물의 방어 수단은 가시다. 가시는
끝을 날카롭게 함으로써 동물이 갉아 먹어 해치는 일을 막는
다. 간단한 방어책이 오히려 효과를 발휘할 수가 있다. 초원
이나 목장에서는 가시가 있는 식물이 초식동물에게 먹히지
않고 살아남는 모습을 곧잘 볼 수 있다.

식물은 궁리에 궁리를 하여 가시를 만든다. 예컨대 장미와
두릅나무, 산초 등은 표피를 변화시켜 가시를 만들고, 쥐엄나
무는 나뭇가지를 바늘 모양으로 해서 가시를 만든다. 또한 탱
자나무는 줄기에 날카로운 가시가 있다. 탱자나무 가시는 줄
기가 변화한 것이 아니라 줄기에 붙은 잎이 아주 가늘게 변화
한 것이다.

잎이 바늘처럼 가늘게 변화한 대표적인 식물이 선인장이

다. 선인장은 잎을 바늘처럼 만듦으로써 앞서 언급했듯이 잎에서 수분이 증발하지 않게 막고, 동물에게 먹히지 않고 자신을 지킨다.

악귀를 내쫓는 가시의 수수께끼

──────   오랜 민속으로 입춘 전날 밤, 구운 정어리 머리를 잎이 달린 호랑가시나무 가지에 꽂아 출입구에 장식한다. 호랑가시나무의 뾰족한 잎과 정어리 냄새가 악귀를 내쫓는다는 것이다.

호랑가시나무 잎은 상록으로 겨울 동안도 녹색을 유지한다. 겨울에도 푸른 소나무와 대나무를 훌륭한 식물로 여기며, 삼나무나 비쭈기나무를 겨울의 추운 시기에도 생명력이 넘치는 상록 식물로서 특별한 존재로 취급해왔다. 그런 이유로 호랑가시나무를 악귀가 틈타지 못하게 하는 데 사용했다.

그러나 호랑가시나무 잎이 삐죽삐죽 가시 돋친 것처럼 생긴 것은 악귀를 피하려는 것이 아니다. 먹이가 적은 겨울 동안 녹색 잎을 유지한다면 그만큼 동물에게 표적이 되기도 쉽다.

겨울에도 녹색을 유지하는 호랑가시나무는
동물에게 먹히지 않고자 잎을 가시처럼 뾰족하게 했다.

악귀가 아니라 동물에게 먹히지 않고자 호랑가시나무는 가시
가 있는 잎을 만든 것이다. 사실 호랑가시나무는 젊을 때만 가
시가 있다. 노목이 되면 가시가 없어지고 잎이 둥글어진다.

　나무가 늙으면 가시를 잃는 데는 이유가 있다. 삐쭉삐쭉한
잎은 동물에게 먹히지 않는다는 이점이 있지만, 삐죽삐죽한
만큼 잎의 면적은 작아진다. 가뜩이나 일조량이 적은 겨울에
는 가능한 한 잎을 펼쳐서 햇빛을 조금이라도 더 받아야 한
다. 그래서 키가 작은 젊은 나무일 때는 가시로 잎을 보호하
지만, 나무가 커져 동물에게 먹힐 걱정이 없어지면 불필요한
가시는 없애고 햇빛을 많이 받을 수 있게 한다.

독과 가시 둘 다 겸비한 식물

──── 가시가 있는 식물 중에서 고도의 방어 체계를 갖춘
것이 있는데, 바로 야산에서 자라는 쐐기풀이다. 쐐기풀의 줄
기와 잎에는 가는 가시털이 빽빽하게 나 있다. 알고 보면 쐐
기풀의 가시는 단순한 가시가 아니다. 가시 밑에는 독이 든
작은 주머니가 있다. 피부에 가시가 박히면 가시 끝이 떨어져

나가 주삿바늘처럼 상처에 독을 주입한다.

식물은 자신을 지키려고 화학물질 혹은 가시와 같은 물리적 수단, 둘 중 어느 하나를 선택하는 일이 많다. 이 두 가지를 동시에 갖추기는 쉽지 않다. 그런데 쐐기풀은 가시와 독, 둘 다 겸비하고 있다. 그냥 찌르기만 하는 것이 아니라 주머니에서 독을 주입한다. 쐐기풀에 있는 이런 고도의 구조는 땅벌의 독침이나 살무사의 이빨과 완전히 똑같다. 쐐기풀은 식물계에서는 최고 수준의 체계를 갖춘 셈이다.

어떤 식물도 먹어버리는 초식동물도 이 쐐기풀만은 먹기는커녕 가까이 가기조차 무서워한다. 물론 쐐기풀 가시는 인간에게도 해를 끼쳐, 찔리게 되면 빨갛게 부어오른다. 쐐기풀을 한자로 쓰면 심마蕁麻라고 한다. 사실 쐐기풀은 알레르기 발진을 가리키는 한자 용어인 심마진(蕁麻疹, 두드러기)의 유래가 될 정도로 해로운 식물인 것이다.

초원에 사는 식물의 진화

——— 식물이 포유동물에게 먹힐 위험에 항상 노출된 장

쐐기풀의 가시 밑에는 독이 든 작은 주머니가 있어 피부에 박히면
가시 끝이 떨어져나가 주삿바늘처럼 상처에 독을 주입한다.

소가 있다. 바로 초원이다. 깊은 숲이라면 풀과 나무가 복잡하게 우거져 있어 모든 식물이 먹히는 일은 없다. 그러나 탁트인 넓은 초원은 식물도 숨을 곳이 없다. 게다가 자라는 식물의 양도 한정되어 있다. 초식동물들은 많지 않은 식물을 서로 경쟁하듯 먹으러 온다. 초원에서는 다른 식물과 경쟁하기보다 초식동물에게서 자신을 지키는 것이 우선이다.

이런 초원에서 식물은 어떻게 자신을 지키면 좋을까? 초원에서 먹을 수 있는 식물 중에 두드러지게 진화한 것이 볏과 식물이다. 쌀과 밀, 옥수수 등 볏과 농작물은 인간에게 중요한 식량이다. 그중에서도 인간이 식용으로 사용하는 부분은 식물의 씨다. 벼와 밀, 옥수수 잎은 삶아도 구워도 먹을 수가 없다. 볏과 식물의 잎은 도저히 먹을 수 없을 만큼 거칠고 질기다. 게다가 섬유질이 많아 소화하기도 어렵다.

볏과 식물의 잎이 거칠고 뻣뻣한 이유는 초식동물로부터 자신을 지키려는 것이다. 볏과 식물은 잎을 먹기 어렵게 하고자 규소로 잎을 거칠고 뻣뻣하게 했다. 규소는 유리의 원료로도 이용되는 물질이다. 들판에서 억새 잎에 손가락을 베어본 적이 있는 사람도 적지 않을 것이다. 억새는 잎 주위에 톱날처럼 유리질이 나란히 있다. 볏과 식물은 이런 식으로 잎을 먹지 못하게 함으로써 자기 몸을 지킨다.

그뿐만이 아니다. 만들어낸 영양분을 안전한 땅거죽이나 땅속에 대피시키듯이 축적한다. 그리고 땅 위의 잎에는 단백질을 최소한으로 포함하고 영양가를 적게 해서 먹이로서 매력이 없어 보이게 한다. 이처럼 볏과 식물의 잎은 뻣뻣하고 소화하기 어려운 데다가 영양분도 적어, 동물의 먹이로는 적합하지 않게 진화했다.

볏과 식물은 600만 년 정도 전부터 유리질을 체내에 축적한 것으로 보인다. 이것은 식물과 동물의 싸움에 극적인 변화를 가져왔다. 볏과 식물의 진화로 말미암아 초식동물 대부분이 멸종했다고 볼 수 있다.

초식동물의 반격

───── 동물이 뻣뻣한 볏과 식물의 잎을 먹지 못하면 초원에서 살아남을 수 없다. 볏과 식물을 먹을 수 있도록 진화한 것이 소나 말과 같은 초식동물이다.

소는 위가 네 개나 있는 것으로 알려져 있다. 이 네 개의 위로 섬유질이 많고 영양분이 적은 잎을 소화한다. 네 개의 위 중 인간의 위장과 같은 일을 하는 것은 네 번째 위뿐이다. 그럼 그 이외의 세 개의 위는 무엇을 하는 것일까?

첫 번째 위는 용적이 커서 먹은 풀을 저장할 수 있다. 그리고 거기에 미생물이 작용하여 풀을 분해하고 영양분을 만들어낸다. 말하자면 위가 발효 통인 셈이다. 마치 대두가 발효해서 영양가가 있는 된장이나 청국장이 되거나 쌀이 발효해서 술이 만들어지는 것처럼, 소는 배 속에서 발효 식품을 만들어낸다.

두 번째 위는 음식을 식도로 되돌려 되새김질하는 데 쓰인다. 되새김질이란 위 속의 소화물을 다시 한번 입안으로 되돌려 씹는 것을 말한다. 소는 먹이를 먹은 뒤 드러누워 입을 우물거린다. 이렇게 해서 먹이가 몇 번이나 위장과 입을 왔다 갔다 하면서 볏과 식물이 소화된다.

세 번째 위는 음식의 양을 조절하는 임무를 맡아서, 첫 번째 위와 두 번째 위로 음식을 되돌리기도 하고, 네 번째 위로 음식을 보내기도 한다.

그리고 네 번째 위에서 겨우 위액을 분비해 음식을 소화해 간다. 즉, 본래의 위인 네 번째 위에서 볏과 식물을 소화하기 전에 사전 처리하여 잎을 부드럽게 하고, 미생물 발효를 활용하여 영양가를 만들어낸다.

소뿐만 아니라 염소와 양, 사슴, 기린 등도 되새김질로 식물을 소화하는 반추동물이다. 한편 말은 위가 하나밖에 없지만, 발달한 맹장 속에서 미생물이 식물의 섬유질을 분해하여 스스로 영양분을 만들어낸다. 또한 토끼도 말처럼 맹장이 발달해 있다.

자세를 낮춰 자신을 지키는 볏과 식물의 방어 전략

───── 이렇게 해서 초식동물은 볏과 식물을 먹이로 삼는 데 성공했다. 그러나 볏과 식물도 초식동물이 마음껏 먹게 가만 있지는 않는다. 초식동물에게 먹혀도 견딜 수 있는 구조를 갖춰야 하기 때문이다.

자신을 지키려면 자세를 낮추는 것이 상책이다. 씨름이나 유도 경기에서는 상대에게 들리지 않도록 허리를 낮춰 무게중심을 낮게 잡고, 배구 선수가 리시브를 할 때도 허리를 낮춘다. 또한 총격전이 벌어지면 군인은 땅바닥에 납작 엎드린

다. 어떤 상황에서나 자세를 낮추는 것이 자신을 지키는 기본
이다.

벼과 식물도 몸을 낮춰 자신을 지키는 방식을 선택했다. 일
반적으로 식물은 성장점이 줄기 끝에 있어 새로운 세포를 쌓
아 올리면서 위를 향해 뻗어나간다. 그런데 줄기 끝이 먹히면
성장점도 먹히므로 크게 손상된다. 그래서 벼과 식물은 성장
점을 될 수 있으면 낮추기로 했다. 즉, 땅에 가까운 밑동 쪽에
성장점을 두고 거기서 위를 향해 잎을 뻗어나가는 성장 방식
을 택했다. 식물이 성장하는 방식으로서는 완전히 역발상이
라 할 수 있다.

이렇게 되면 아무리 초식동물이 잎을 먹어도 잎 끝부분만
먹힐 뿐 성장점은 전혀 손상되지 않는다. 성장점을 밑으로 해
서 초식동물에게서 자신을 지키는 벼과 식물. 얼마나 놀라운
발상인가?

기발해 보이는 이 방법에도 심각한 문제가 있다. 계속 위를
향해 쌓아 올리는 방식이라면 자유자재로 가지를 늘리고 잎
을 무성하게 할 수 있다. 그러나 이미 만들어낸 잎을 밑에서
밀어 올리는 방법으로는 나중에 잎의 개수를 늘릴 수가 없다.

벼과 식물은 그 대안으로 성장점을 계속해서 늘려가는 방

법을 고안해냈다. 이것을 분얼*이라고 한다. 볏과 식물은 포기 아래쪽에 있는 성장점을 차츰 증식하면서 잎의 수를 늘려간다. 볏과 식물은 이런 식으로 잎을 만들고 포기를 만들어간다.

역경을 이용하는 볏과 식물의 비법

───── 식물은 정말 대단하다. 볏과 식물은 초식동물의 위협에 견딜 뿐만 아니라 그것을 이용하는 일까지 생각해냈다.

초식 동물에게 먹히는 일은 위기임이 분명하다. 그러나 이런 가혹한 환경에서 살아남기만 한다면 경쟁자인 식물은 모두 초식동물에게 내쫓기게 된다. 경쟁하는 식물을 걸어차 밀어내는 데는 무서운 초식동물을 이용하는 것이 안성맞춤이다.

볏과 식물은 성장점을 아래쪽으로 옮기는 구조를 취함으로써 초식동물에게 피해를 보지 않는 법을 터득했다. 이렇게

───────────

＊ 分蘖. 가지치기. 땅속에 있는 식물의 마디에서 가지가 갈라져 나오는 일

해서 초원은 볏과 식물의 천하가 되었다.

골프장이나 공원의 잔디는 자주 깎아 정리한다. 짧게 깎으
니까 잔디가 손상되는 것처럼 보이지만, 깎으면 깎을수록 베
이는 데 약한 잡초는 없어지고 잔디 등 볏과 작물은 퍼져나
간다. 들잔디 외에도 왕포아풀kentucky bluegrass과 우산대바랭이
bermuda grass 등 다양한 볏과 잡초가 잔디로 이용된다.

볏과 식물은 베일수록 더욱더 성공하는 것이다. 또한 1년
에 몇 번이든 벨 수 있는 목초도 볏과 식물이 대부분이다. 그
뿐만 아니라 볏과 식물은 잎이 먹히면 성장점이 있는 마디 밑
동까지도 빛이 들어가 생육 환경이 좋아진다. 그야말로 먹히
거나 베임으로써 살아남는 데 성공하는 셈이다.

먹힘으로써 이용하다

───── 식물은 먹힘으로써 강자를 이용한다는, 놀라운 발
상을 생각해냈다. 그렇다고 식물도 무턱대고 먹히고만 있지
는 않는다. 그 방법을 설명하려면 식물의 진화 이야기로 돌아
가야 한다. 이야기를 공룡시대로 되돌려보자. 앞에서 살펴보

았듯이, 속씨식물이라 불리는 식물은 공룡이 멸종으로 향하던 백악기 말기에 탄생한다. 그렇게 모습을 드러낸 속씨식물은 식물의 역사 속에서 극적인 진화를 가져왔다.

속씨식물의 출현 이전에 지구상에는 겉씨식물이 퍼져 있었다. 그러나 오래된 식물로 불리는 겉씨식물도 '새내기'라고 불리던 시대가 있었다.

겉씨식물보다 이전 시대에는 양치식물이 지구상을 석권했다. 안타깝게도 오래된 유형의 식물인 양치식물에는 심각한 결점이 있다. 그것은 생식에 물이 없어서는 안 된다는 점이다. 양치식물의 포자가 발아하면 전엽체는 작은 식물체를 형성한다. 머지않아 전엽체에서는 정자와 난자가 만들어지고, 정자가 물속을 헤엄쳐 난자에 도달하여 수정한다. 정자가 헤엄쳐 난자에 도달하는 방법은 생명이 바다에서 탄생한 흔적이다.

진화의 정점에 있다고 자부하는 인간조차도 마찬가지로 정자가 헤엄쳐 난자와 수정한다. 생물이 진화하는 과정에서 극복해야 할 과제는 생명 탄생의 근원인 바다의 환경을 어떻게 육상에서 실현할 것인가에 있었다.

지상에 진출한 양치식물도 정자가 헤엄칠 물이 필요해 수

분이 있는 습한 곳에서만 번식할 수 있었다. 그 결과 크게 번
성한 양치식물도 세력 범위가 물가로 한정되어 광대한 미개
의 대지로는 진출하지 못했다.

겉씨식물의 등장

———— 한편 겉씨식물은 육지로 진출할 수 있는 획기적인
생식 방법을 마련했다. 여기에서는 대표적 겉씨식물인 소나
무를 예로 들어보자.

소나무는 봄에 새로운 솔방울을 만든다. 이것이 소나무의
꽃이다. 곤충을 이용하는 방법을 몰랐던 겉씨식물은 바람에
실어 꽃가루를 옮긴다. 솔방울의 인편*이 벌어졌을 때 소나
무의 꽃가루가 벌어진 솔방울 속으로 침입한다. 솔방울은 닫
혀 이듬해 가을까지 벌어지지 않는다. 솔방울 속에서 오랜 세
월에 걸쳐 알과 정핵이 형성되고, 드디어 수정이 이루어진다.
알에 묻은 꽃가루에서 꽃가루관이라는 관이 나오고, 그 속을

＊ 鱗片, 겉면을 덮고 있는 비늘 모양의 조각

정책이 다니며 수정한다. 즉, 정자가 물속을 헤엄치지 않고도
수정할 수 있어, 이제는 물이 없어도 된다. '수정에는 헤엄칠
물이 꼭 있어야 한다.'라는 오랜 상식을 뒤집은 놀라운 방식
을 고안한 것이다.

아직 개선해야 할 문제가 남아 있었다. 꽃가루가 도착하고
나서 알이 성숙하기 시작하는 겉씨식물의 생식 방법은 어쨌
든 시간이 걸린다. 그래서 빠르고 획기적인 방식을 고안한 것
이 속씨식물이다.

속씨식물은 암꽃술 안쪽에서 미리 알이 성숙하게 한다. 그
리고 꽃가루가 도착했을 때 수정 준비는 완료된다. 꽃가루는
도착하자마자 곧바로 꽃가루관을 펼치고 알에 정책을 보내
수정을 끝마친다. 그 사이는 짧게는 몇 분에서 길어야 몇 시
간이다. 지금까지 겉씨식물은 꽃가루가 도착하고 나서 수정
하기까지 1년 넘게 걸리던 것을 생각하면, 기간을 혁신적으
로 단축한 셈이다.

속씨식물이 수정하는 방법은 식물계에 돌풍을 불러일으
켰다. 수정 기간이 짧아짐으로써, 수정의 성공률이 높아졌다.
더구나 이 기술 혁신은 더욱 큰 효과를 가져왔다. 빠른 수정
이 실현되면서 세대교체가 크게 당겨지고, 비약적인 속도로

소나무는 솔방울에 꽃가루가 도착하고 나서 수정하기까지 1년 넘게 걸린다.

진화할 수 있게 한 것이다.

이미 언급했지만, 속씨식물은 꿀로 곤충을 불러와서 꽃가루를 옮기는 매개로 삼는다는 획기적인 방법을 만들어냈다. 이것이 앞에서 살펴본 '먹힘으로써 이용하는 데 성공하는 방법'의 하나였다.

새로운 시대의 도래

────── 또 하나의 '먹힘으로써 이용하는 데 성공하는 방법'이 밑씨(배주, 胚珠)를 지키던 씨방의 새로운 이용법이다. 과학 교과서에는 씨앗의 기반이 되는 밑씨가 밖으로 드러난 것이 겉씨식물이고, 씨방이라는 기관 안에 있는 것이 속씨식물이라고 나온다.

겉씨식물은 밑씨가 노출되어 있다. 반면 속씨식물은 소중한 밑씨를 보호하고자 밑씨의 주위를 씨방으로 감싼다. 씨방으로 지킴으로써 밑씨는 건조한 조건에도 견딜 수 있게 되었다. 어쩌면 처음에는 소중한 씨를 먹을 수 없게 하려는 목적으로 밑씨를 씨방으로 지켰을지도 모른다. 그러나 속씨식물은 결국 밑씨를 지키려는 씨방을 비대하게 해서 열매를 만들고 동물과 새에게 먹이로 제공하는 방법을 택했다.

동물이나 새가 식물의 열매를 먹으면, 열매와 함께 씨도 동물에게 먹힌다. 씨가 동물이나 새의 소화관을 통과하여 배설물과 함께 배출될 즈음에는 동물이나 새도 자리를 옮기므로 씨도 덩달아 이동하는 데 성공한다.

식물은 동물이나 새에게 먹이를 주고, 동물이나 새는 식물의 씨를 옮겨준다. 즉, 이들은 공생 관계를 맺고 있다. 하지만 동물이나 새는 씨앗과 씨방을 먹으려고 찾아왔을 뿐 식물의 씨를 옮겨다 주려는 의도는 없었다. 그렇지만 식물은 동물이나 새를 이용하여 씨를 옮기게 했다.

움직일 수 없는 식물에게 행동 범위를 넓힐 기회는 평생 두 번밖에 오지 않는다. 한 번은 꽃가루의 이동이고, 두 번째가 종자로서의 이동이다. 식물은 자유롭게 날 수 있는 곤충의 힘을 빌려 꽃가루를 멀리 이동시킬 수 있었다. 또한 식물의 종자는 동물이나 새의 도움을 받아 멀리 이동할 수 있게 되었다.

초록은 멈춰, 빨강은 가라

─────   열매가 익으면 붉게 물든다. 예를 들어 사과와 복
숭아, 감, 귤, 포도 등 나무 위에서 익은 열매는 빨간색, 노란
색, 분홍색, 보라색처럼 붉은색 계통의 색채를 띨 때가 많다.
이렇게 붉게 물든 과일은 돋보이게 된다.

'멈춤' 신호는 멀리서도 알아볼 수 있는 '빨간색'으로 정해
졌다. 파장이 긴 붉은색 빛은 다른 색 빛보다 멀리까지 닿기
쉬운 성질이 있다. 그렇기에 멀리서도 인식되기 쉽게 열매는
붉은색으로 바뀌는 것을 선택한다. 또한 식물은 녹색을 띠므
로 녹색의 정반대 색깔인 빨간색은 특히 눈에 잘 띈다.

덜 익은 열매는 잎과 같은 녹색이어서 눈에 잘 띄지 않는
다. 또한 단맛이 아니라 오히려 씁쓸한 맛이 난다. 이것은 씨
가 아직 익지 않았을 때 먹히면 곤란하므로, 쓴맛 물질을 축적
해 열매를 지키는 것이다. 예컨대 떫은 감에 함유된 탄닌이나
아직 덜 익은 녹색 여주에 포함된 모모르데신momordicin과 카
란틴charantin은 열매를 지키는 데 쓰이는 물질이다.

이런 열매도 이윽고 씨가 익으면 쓴맛 물질을 제거하고 당
분을 축적하여 달콤해진다. 이렇게 맛있게 한 후에야 열매의

색을 녹색에서 붉은색으로 바꿔 제철이라는 신호를 내보낸
다. '녹색은 먹지 말라.' '빨간색은 먹어달라.' 이것이 열매의
신호인 것이다.

동료를 엄선한다

———— 적당히 익어 먹어도 좋다는 신호인 이 붉은색을 대
부분 포유동물은 인식하지 못한다. 인간을 포함한 영장류는
빨간색을 인식할 수 있지만, 이것은 예외 중의 예외다. 원래
포유동물의 조상은 공룡시대에 야행성 생물이었다. 그 때문
에 시력이 퇴화해 색상을 인식할 수가 없다.

사실 대부분 식물은 열매를 먹게 함으로써 씨를 운반하는
동료로 포유동물보다는 새를 택했다. 거기에는 이유가 있다.
포유동물은 이빨이 있어서 열매를 아드득아드득 깨물어 먹
는다. 소중한 씨를 씹어 부술 염려가 있는 것이다. 또 식물을
먹는 초식동물은 식물섬유를 분해해야 하므로 소화기관이
길다. 그러니까 씨가 소화되지 않은 채로 소화관을 무사히 빠
져나오지 못할 수도 있다.

새는 이빨이 없어서 열매를 통째로 삼킨다. 또한 소화기관
이 짧아 씨가 소화되지 않고 무사히 체내를 통과할 수 있다.
더구나 새는 하늘을 날아다니므로 포유동물보다 이동 거리
가 멀다. 즉, 식물에게는 새가 가장 좋은 동료라고 할 수 있다.
식물의 본심은 요컨대, 포유동물이 아니라 새가 열매를 먹어
주기를 바라는 것이다. 그럼 어떻게 하면 새에게만 먹힐 수
있을까?

알기 쉬운 예가 고추다. 고추는 붉은색이다. 이미 소개한
것처럼 붉은색 열매는 달콤하며 적당히 익었다는 신호다. 그
러나 고추는 달지 않은 데에다 맵기까지 하다. 붉은 열매는
먹어주었으면 한다는 신호일 텐데 왜 매운 것일까?

사실 고추는 먹어줄 상대를 엄선한다. 포유동물은 매운
고추를 먹을 수 없다. 그러나 새는 매운맛을 느끼는 미각이
없으므로 고추를 아무렇지도 않게 먹을 수 있다. 아마 고추
는 씨를 옮겨줄 동료로 포유동물이 아니라 새를 선택했을
것이다.

그런데 포유동물에게 먹히지 않고자 매운맛을 낸 고추를
즐겨 먹는 동물이 출현했다. 그게 바로 인간이다. 인간은 부
지런히 고추를 먹고 새보다 먼 거리를 이동하여 전 세계에 고

새는 포유동물과 달리 매운맛을 느끼는 미각이 없어서 붉게 잘 익은 고추를
아무렇지 않게 먹음으로써 씨를 운반한다.

추를 퍼뜨렸다. 이런 복음은 틀림없이 고추도 예상치 못했을 것이다.

레몬의 신맛에도 이유가 있다

─────── 떫은 감은 떫은 물질인 탄닌을 함유한다. 이 떫은 맛도 먹히지 않으려는 식물의 전략이다. 인간은 떫은 감을 수확하면 곶감 등을 만들어 떫은맛을 제거하고 먹는다. 떫은 감 속에는 단맛도 있으므로 떫은맛이 없어지면 단맛만 남아 달콤한 곶감이 된다.

떫은 감이 먹어주기를 바라지 않는가 하면, 꼭 그렇지는 않다. 수확하지 않고 나무에 남겨두면 떫은 감이 더 익는다. 그러면 떫은맛이 없어지고 달콤해진다. 인간이 수확하지 않아 나무 위에서 완전히 익은 감은 새에게 먹힌다. 새로부터 먹힘으로써 씨를 퍼뜨린다.

그러나 완전히 익은 감은 과육이 흐물흐물해져 도저히 인간이 들고 먹을 수가 없다. 우리가 먹는 단감은 떫은맛을 내지 않도록 돌연변이를 일으킨 것이다. 다시 말해 단감은 인간이 먹기에는 적합하지만 식물로서는 결함이 있는 제품이다.

또한 귤 등 감귤류는 신맛이 난다. 이 신맛 또한 먹히지 않으려고 식물이 궁리 끝에 만들어낸 맛이다. 인간은 신맛과 단맛의 균형을 중시하여 귤도 신맛이 없어지기 전에 수확한다. 그러나 귤도 나무에 그대로 놔두면 신맛은 없어지고 단맛이 더해진다.

레몬은 신맛이 강한 것이 특징이다. 신기하게도 레몬은 완숙해도 신맛이 사라지지 않는다. 시큼한 레몬은 새 역시도 먹지 못한다. 그럼 야생 상태에서 레몬은 어떻게 씨를 퍼뜨릴 수 있었을까?

사실 시큼한 레몬 열매를 먹을 수 있는 새가 있다. 잉꼬와 앵무새 등이다. 레몬의 원산지인 인도에서는 앵무새와 잉꼬 등이 레몬의 열매를 먹고 씨를 퍼뜨린다고 한다. 레몬 또한 먹어주는 동료를 엄선하는 셈이다.

독성분으로 독식을 막는다

─────── 고추가 함유한 매운맛 성분인 캡사이신capsaicin은

말하자면 약한 독의 일종이다. 고추는 이 독성분을 교묘하게 이용하여 포유동물에게서 자신을 지키면서 새에게만 열매를 먹게 하는 데 성공했다. 마찬가지로 포유동물에게는 유독 식물이지만, 새는 즐겨 먹는 열매가 야생식물 중에서는 적지 않다.

그래도 여전히 문제는 남는다. 새가 씨를 날라주는 것은 좋지만, 새 한 마리가 한꺼번에 열매를 다 먹어버리면 배설물과 함께 배출된 씨가 같은 곳에 있게 된다. 새에게 먹힘으로써 여기저기에 종자를 퍼뜨리기를 원하는 식물로서는 이 또한 탐탁지 않다.

식물 중에는 새한테도 영향을 미치는 약한 독성을 함유한 것이 있다. 예컨대 남천南天은 포유동물에게는 독성이 있는 식물이지만, 새는 그 열매를 먹을 수 있다. 그러나 남천의 독성분은 새에게도 효과가 있어, 새도 한꺼번에 많이 먹을 수는 없다. 따라서 단번에 먹을 수 있는 것이 아니라 조금씩 여러 번에 걸쳐 먹거나 여러 마리의 새가 먹을 수밖에 없다. 이런 식으로 식물은 새에게도 약한 독을 쓰기도 한다.

역시 씨방은 먹지 못하게 한다

─────── 복숭아 열매 안에는 큰 씨가 한 개 들어 있다. 과일
의 크기와 비교하면 씨가 대단히 커 보인다. 실제로 이 씨는
핵이라고 불리며, 사실은 씨가 아니다. 씨처럼 보이는 핵은
실제로는 과일 일부가 단단하게 변화한 것이다. 진짜 씨는 이
단단한 껍질 속에 있다. 껍질에 덮인 핵 속에 식물생약으로
도인桃仁이라 불리는 것이 있는데, 이 도인이 진짜 씨다.

동물이 과일을 먹어 종자를 옮겨주는 것은 좋지만, 소화기
관에서 종자가 소화되어버리거나 중요한 종자까지 동물에게
먹히기를 바라지는 않는다. 그 때문에 복숭아는 씨 주위를 딱
딱한 껍질로 둘러싸서 지키는 것이다.

이 씨앗의 주위를 지키는 부분이 씨방의 일부다. 씨방은 원
래 씨를 지키려는 것이었지만, 식물은 이것을 과일로 먹을 수
있도록 했다. 그러나 복숭아는 씨를 지키고자 다시 씨방을 사
용했다. 매실 씨도 복숭아 핵과 구조가 같다. 매실 씨를 깨서
안에 든 인仁을 잘 먹는 사람이 있는데, 이때 나오는 인이야말
로 진짜 종자다.

복숭아나 매화는 장미과 식물이다. 과일을 먹게 해 종자를

퍼뜨리는 획기적인 전략을 식물의 진화 속에서 처음으로 채
택한 식물 중 하나가 장미과 식물이다. 장미과 열매에서는 그
밖에도 선진적인 발상을 찾아볼 수 있다.

사과의 차별화 전략

———   사과도 장미과 열매다. 그러나 사과는 복숭아나 매
화와는 다른 발상으로 씨를 지킨다.

일반적으로 식물은 암술의 밑동에 있는 씨방이 굵어지면
서 열매가 된다. 그런데 사과는 다르다. 사과의 빨간 열매는
화탁花托이라 불리는 꽃받침이 씨방을 감싸듯이 하며 굵어진
것이다. 진정한 열매는 아니므로 사과 열매를 위과假果 또는
가과(假果, 헛열매)라고 부른다. 그러면 씨방에서 유래한 진짜
열매는 어디에 있을까?

사실 우리가 먹고 남기는 심 부분이 사과의 씨방이 변화한
것이다. 종자는 단단한 심 속에 있어 먹지 못하도록 되어 있다.
복숭아와 매실은 열매의 일부를 단단하게 해서 핵을 만들어
씨를 지켰다. 반면에 사과는 꽃받침을 비대하게 해서 과육을

만들고, 씨방은 열매는 만들지 않고 씨를 지키는 일만 한다.

사과가 씨방이 비대한 진짜 과일이 아니라는 사실은 사과를 관찰해보면 알 수 있다. 일반 열매는 씨방이 비대해져 생긴 것이다. 따라서 꽃 아래에 있는 꽃받침은 열매보다 아래에 있게 된다. 예컨대 귤은 씨방이 커져 생긴 진짜 과일이다. 그 때문에 나뭇가지에 붙어 있던 자루 부분을 아래로 해서 보면 과일 아래에 꼭지가 있다. 이 꼭지가 꽃받침이었던 부분이다. 마찬가지로 감을 가지에 붙어 있던 자루 부분을 아래로 해서 보면 과일 아래에 꼭지가 있다. 감 열매도 씨방이 비대한 진짜 열매인 것이다.

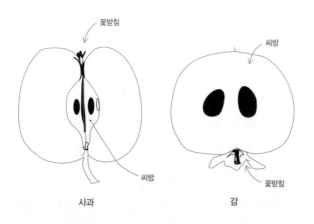

사과   감

반면 사과는 씨방이 아니라 꽃받침인 화탁 부분이 비대해
져 생긴 것이다. 그래서 사과를 보면 자루 부분에 꼭지가 없
지만, 자루 반대쪽을 보면 과일의 패인 부분에 꽃받침의 흔적
같은 것이 있다. 이 꽃받침보다 끝에 있었을 것이다. 따라서
꽃받침과 자루 사이에 있는 열매는 꽃이 붙어 있는 부분이었
다는 것을 알 수 있다.

동물도 이용할 수 있다

──────   앞에서 살펴본 것처럼, 포유동물에게 열매를 먹게
해 씨를 옮기는 방법은 위험이 크다. 포유동물은 이빨로 우적
우적 씹어 부수는 데에다 소화관도 길어서 씨가 무사히 배출
될 가능성이 작기 때문이다.

그런데 열매가 아니라 씨를 퍼뜨리고자 씨앗 그 자체를 먹
게 해서 동물을 이용하는 식물도 있다. 그야말로 내 살을 베
게 하고, 상대의 뼈를 자르는 식의 박력이다. 즉, 나도 피해를
보지만 상대에게는 더 큰 피해를 준다는 말이다. 그것은 과연
어떤 방법일까?

가을이 되면 쥐나 다람쥐는 겨울 동안 먹을 도토리를 모은다. 도토리는 상수리나무와 졸참나무 등의 씨앗이다. 쥐나 다람쥐는 모은 도토리를 다 먹지 못하고 일부는 감추어두는데, 시간이 지나면 감추어둔 곳을 잊어버리기도 한다. 감추어놓고 잊어버려 먹지 못한 도토리는 봄이 되면 싹이 튼다. 쥐나 다람쥐의 이런 건망증 덕에 상수리나무와 졸참나무의 씨앗은 널리 퍼져나가 분포 지역을 넓힌다.

도토리는 쥐나 다람쥐의 공격을 받아 먹히는 존재다. 그렇다고 이들이 도토리의 적은 아니다. 먹어주는 쥐나 다람쥐를 역이용해서 씨앗을 옮기기 때문이다.

도토리를 먹으려고 찾아오는 쥐나 다람쥐를 동료로 이용하려면 궁리가 필요하다. 먹다 남기도록 도토리를 많이 만들면 먹이가 풍부하므로 쥐나 다람쥐가 많이 증가한다. 그런데 이들의 수가 많아지면 도토리를 남기지 않고 다 먹어버릴지도 모른다. 어떻게 해야 도토리를 다 먹어 없애지 않도록 할수 있을까?

그래서 식물은 도토리가 많이 열리는 '풍년'과, 도토리가 많이 열리지 않는 '흉년'을 마련했다. 도토리가 부족한 흉년에는 쥐나 다람쥐가 지나치게 증가하지 않는다. 그다음 풍년에 도토리를 대량으로 생산하면 쥐나 다람쥐가 도토리를 다 먹지 않고 남기게 된다.

열매가 열리는 식물도 잘 열리는 해가 있는가 하면 잘 열리지 않는 해가 있다. 이것도 열매를 먹는 새가 과도하게 늘어나지 않게 하려는 전략이다. '먹힘으로써 이용하는 데 성공'하려면 이 정도로 주의 깊게 전략을 짜야 한다. 어쨌든 이렇게 식물은 씨방이 먹힐까 봐 두려워하는 것이 아니라 오히려 씨방이 발달하게 해서 달콤한 열매를 준비했다. 그리고 도토리를 먹으러 오는 작은 동물을 위해 더 많은 도토리를 준비해서 이용하는 길을 선택했다.

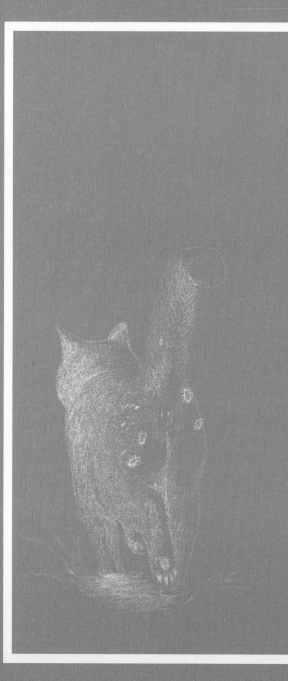

도꼬마리

이용하고 이용당하는
끝없는 겨루기

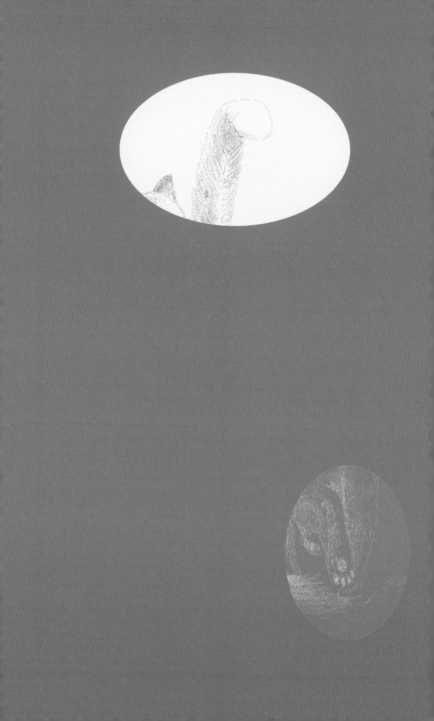

식물에게 유인원은 어떤 존재였을까

───── 앞 장에서 소개한 것처럼, 식물의 열매가 붉어지는
것은 열매가 익었다는 신호다. 동시에 그것은 빨간색을 인식
할 수 없는 포유동물이 아니라, 빨간색을 인식하는 새에게 보
내는 신호였다. 거대한 공룡이 활보하던 시대, 포유동물의 조
상은 공룡의 눈을 피하고자 공룡이 잠든 밤에 먹이를 찾으러
다니는 야행성 생활을 했다. 그 때문에 포유동물은 빨간색을
식별하는 능력을 잃어버렸다.

　포유동물 가운데 유일하게 빨간색을 볼 수 있는 동물이 있
다. 바로 고릴라와 침팬지, 오랑우탄 등 유인원이다. 물론 유
인원의 일종인 우리 인간도 빨간색을 볼 수 있다. 유인원의
조상은 돌연변이 덕분에 포유류 중에서 유일하게 빨간빛의
파장을 느껴 색채를 식별하는 감각을 되찾았다. 숲의 열매를

먹다 보니 잘 익은 열매의 색상을 인식할 수 있게 되었는지, 빨간색을 볼 수 있게 되면서 열매를 먹게 되었는지는 알 수 없으나 유인원은 새와 마찬가지로 잘 익어서 붉은 열매를 인식하고 먹이로 삼게 되었다.

그럼 식물에게 유인원은 어떤 존재였을까? 확실히 새와 마찬가지로 유인원도 열매를 먹고 씨를 운반할 수가 있다. 그러나 침팬지나 오랑우탄은 열매를 먹어도 씨를 그 자리에서 토해버린다. 멀리까지 씨를 옮겨주기를 바라는 식물의 상황에서 유인원은 배달원의 기능을 제대로 하지 못하는 존재인지도 모른다.

인류의 극적인 발전

——— 숨을 곳이 많은 숲과 비교하면 적으로부터 몸을 숨길 수 없는 탁 트인 넓은 초원은 생물에게는 가혹한 장소다. 제5라운드의 '초원에 사는 식물의 진화'에서 살펴보았듯이, 초원의 볏과 식물은 초식동물에게서 자기 몸을 지키고자 진화해왔다. 그리고 소나 말 등 초식동물은 육식동물에게 잡아

먹히지 않기 위해 빨리 달릴 수 있는 다리 힘과, 적으로부터
자신을 지킬 수 있게끔 덩치를 키웠다.

  그 밖에도 초원에서 극적인 발전을 이룬 생물이 있다. 바로
인류다. 인류의 진화는 아직도 많은 부분이 수수께끼로 남아
있다. 그러나 인류가 아프리카 대륙에서 기원했다고 보는 견
해가 많다. 일설에 따르면 지각이 융기해서 울창한 숲이 분단
되면서 숲의 일부가 건조한 환경으로 바뀌고 초원이 되었는
데, 이것이 인류의 진화에 큰 영향을 주었다고 한다. 숲을 잃
고 몸을 숨길 곳을 잃은 원숭이는 드넓은 초원에서 천적을 경
계하고자 직립보행을 하게 되고, 나아가 자기 몸을 지키는 데
쓸 도구와 불을 손에 넣었다는 주장이다.

볏과 식물은 인류의 아군이다

——— 인류는 자연계에서는 매우 약한 존재다. 약점을 보
완하고자 도구와 불을 사용하면서 육식동물로부터 자기 몸
을 지킬 수 있게 되었지만, 그것만으로 문제가 다 해결된 것
은 아니다. 먹어야 살 수 있기 때문이다.

식물이 울창한 숲이라면 다양한 결실이 있어도, 식물이 적은 초원에서는 음식을 충분히 얻기가 힘들다. 수렵 생활을 했다고 하면 멋있게 느껴질지도 모르지만, 사실 인류는 하이에나처럼 다른 동물들이 먹다 남긴 골수를 먹지 않았는가 싶다. 이런 식으로 인류는 육식동물을 두려워하면서도 어떻게든 먹을거리를 구해 먹었을 게 분명하다.

인류의 강한 아군이 된 것은 의외로 포유동물에게 먹히지 않도록 진화한 볏과 식물이었다. 식물의 씨앗은 성장하고자 생존에 필요한 모든 영양소를 함유하여 영양가도 높다.

밀의 조상 종인 외알밀*은 초원에서 자라는 볏과 식물이다. 외알밀은 종자가 생기면 종자를 흩어 퍼뜨리는데, 그중에 돌연변이로 씨가 떨어지지 않는 밀이 출현했다. 그 돌연변이종은 씨를 흩어 퍼뜨리지 않아서 자손을 늘릴 수가 없었다.

그런데 인류가 이 특이한 돌연변이종을 발견했다. 씨가 떨어지지 않는 것이 식물로서는 결정적인 결점이지만, 인류에게는 참 좋은 성질이다. 씨가 떨어지지 않으므로 인류가 씨를

---

* 2배체 밀로 일립소맥一粒小麥, 일립계밀이라고
도 한다.

수확하여 식량으로 삼을 수 있다. 그리고 수확한 씨를 뿌려
재배할 수도 있다.

이 돌연변이종의 출현으로 인류는 농경을 시작할 수 있게
되었다. 농작물을 재배하면 안정적으로 식량을 얻을 수 있지
만, 엄청난 노동력이 들어간다. 만약 수렵 생활에서 충분히
음식을 얻을 수 있다면 굳이 일하느라 힘들이고 애쓰지 않아
도 된다. 인류가 농경을 택했다는 것은 그만큼 음식을 구하
는 데 어려움을 겪었다는 증거이기도 하다. 그 뒤 유사 이래
인류는 식물을 교묘하게 이용해왔다. 나무와 풀로 집을 짓고,
식물의 섬유로 옷을 만들었다. 또한 식물을 식량으로 먹음으
로써 풍부한 식생활을 구축해왔다.

이렇게 해서 농경을 선택한 인류는 많은 식량을 얻는 데 성
공했다. 나아가 풍부한 식량은 사람들이 마을에서 집단으로 모
여 살게 했으며, 인류는 이윽고 문명을 쌓아 올리게 되었다.

식물의 보호제인 독성분을 이용하다

───── 앞 장에서 소개한 것처럼, 식물은 포유동물의 포식*

으로부터 자신을 지키고자 독성분을 몸에 지녔다. 그러나 포
유동물의 일종인 인류는 이 독마저도 이용했다.

인간은 자연계에서는 약한 존재다. 그렇기에 거대한 사냥
감을 쓰러뜨리고자 식물의 독을 바른 독화살을 사용했다. 또
한 식물의 독성분을 강에 흘려보내 물고기를 잡기도 하고, 방
충제와 살충제로 사용하기도 했다.

그뿐만이 아니다. 인간은 식물이 모처럼 준비한 독성분마
저도 쓴맛이 좋다고 즐겨 먹는다. 식물로서는 예상치 못한
사태다. 머위의 어린 꽃줄기나 두릅나물 등 봄나물은 아직
연약한 새싹을 지키려고 쓴맛을 내는 물질을 지닌다. 그런데
인간은 이들 봄나물의 쓴맛이 좋다며 먹는다. 필사적으로 자
신을 지키려는 어린 식물에게는 얼마나 기가 막힌 이야기인
가. 양파나 파 등의 매운맛도 병해충이나 포유동물에게서 자
신을 지키려는 것이지만, 인간에게는 없어서는 안 되는 맛이
다. 오히려 매운맛이 강한 고추냉이와 겨자마저도 인간은 즐
겨 먹는다.

＊捕食. 사냥하는 유기체가 먹이가 되는 유기
체를 잡아먹는 생물학적 상호작용

담배는 가짓과 식물인 담뱃잎을 원료로 만든다. 담배의 니코틴도 독성 물질로, 식물이 곤충이나 동물의 공격에서 벗어나 자신을 지키려는 수단이다. 그런데 어떤 사람들은 살아가는 데 니코틴이 없어서는 안 된다고 주장한다. 식물의 처지에서 인류는 이제는 이해할 수 없는 존재인지도 모른다.

아이들이 쓴 채소를 싫어하는 이유

──────   식물의 열매는 익으면 붉게 여물어 달콤해진다. 이것은 먹어주길 바라는 식물의 신호라는 것을 앞에서 언급했다. 그렇긴 해도 아직 씨가 영글기도 전에 열매를 먹으면 곤란하다. 그래서 익지 않은 열매는 잎사귀와 같은 녹색으로 변장해 눈에 띄지 않게 몸을 숨길 뿐만 아니라 쓴맛을 낸다. 그런데 인간은 정말 못 말리는 생물이다. 아직 다 익지도 않은 열매조차 쓴맛이 맛있다며 먹기 시작했다.

녹색 피망은 덜 익은 열매다. 피망 열매도 익으면 붉어진다. 그런데 인간은 일부러 녹색 피망을 즐겨 먹는다. 쓴맛이 특징인 여주도 익지 않은 열매이지만, 익으면 주황색으로 물

들어 달콤하다. 그러나 여주에 쓴 '참외^{苦瓜}'라는 의미의 이름
까지 붙여가며 덜 익은 열매를 맛있게 먹는다.

  어린아이들은 달콤한 과일은 좋아하지만, 쓴맛이 나는 피
망이나 여주는 대부분 싫어한다. 이것은 생물로서는 극히 정
상적인 반응이다. 달콤한 과일은 식물이 먹으라고 의도적으
로 만들어낸 것이다. 달콤한 설탕을 지나치게 섭취하면 해가
되지만, 자연계에 있는 단맛은 위험한 것이 없다. 또한 인간
은 식물이 만들어낸 독성분을 '쓴맛'으로 감지한다. 마찬가지
로 어린아이들이 쓴 채소를 싫어하는 것은 전혀 이상하지 않
은 이야기다. 먹히고 싶지 않은 식물과 먹고 싶지 않은 어린
아이 사이의 이해가 서로 일치하는 측면이라 할 수 있다.

  어른들은 어떠한가. 식물이 일부러 만들어낸 독성분인 쓴
맛을 즐겨 먹는다. 그리고 아이들에게 쓴맛이 있는 채소를 남
기지 말고 먹으라고 강요한다. 이러한 어른의 취향을 식물이
이해하기는 어려울 것이다.

약한 독성분으로 생기를 되찾는다

─────   식물은 자신을 지키고자 많든 적든 독성분을 준비
한다. 그런데 인류는 이 식물의 독성분을 좋아한다. 예컨대
녹차나 홍차, 커피, 코코아, 허브티 등 인간이 좋아하는 음료
는 각성 작용과 진정 작용을 한다. 모두 식물의 약한 독성분
이 기능을 발휘하는 것이다.

향이나 포푸리* 등 식물이 풍기는 향기도 역시 인간을 치
유하고 회복하게 한다. 숲에서는 다양한 식물이 해충이나 병
원균을 접근하지 못하게 하는 물질을 생성한다. 인간은 이런
숲속에서 삼림욕을 한다. 식물의 독성분 등으로 독기 가득한
숲의 공기가 왜 인간에게 좋은 효과를 가져다주는 것일까?

그 요인 중 하나로 호르메시스 효과**를 들 수 있다. 호르
메시스란 그리스어로 '자극'이라는 뜻이다. 음료나 향료에 들
어 있거나 숲에 가득한 식물의 독은 인간을 해칠 만큼 강하지

─────────

* pot-pourri, 향기가 강한 여러 꽃잎을 섞은 것
으로 방향제로 이용한다.
** hormesis effect, 다량일 때 해로운 물질이
라도 소량이면 인체에 유익한 효과를 내는 것

는 않다. 인간에게 자극제가 될 정도로만 작용한다. 즉, 인간
의 몸은 약한 독의 자극을 받아 생명을 지키려는 방어 체제에
들어간다. 그 긴장감이 살고자 하는 능력을 활성화하고 우리
에게 활력을 준다.

　독과 약은 한 끗 차이다. 독도 소량 섭취하면 인체에 좋은
자극을 주어 약이 될 수 있다. 실제로 식물이 미생물이나 곤
충을 죽이려고 축적한 독성분 대부분을 인간은 약초나 한약
의 약효 성분으로 이용한다.

유독 성분 없이는 살 수 없다

──── 쓴맛이나 떫은맛, 매운맛 등은 본래 식물이 생존을
위협하는 해충으로부터 자기 몸을 지키려고 만들어낸 물질
이다. 야생 포유동물은 혀의 미각이나 코의 후각으로 이러한
성분을 감지하고 독성분의 섭취를 피한다. 그런데 인간이라
는 포유동물은 이 독성분을 즐겨 섭취한다. 즐길 뿐만 아니라
커피의 카페인이나 담배의 니코틴 없이 살 수 없을 정도로 의
존하는 사람도 있다. 왜 이런 일이 일어나는 것일까?

식물이 지닌 독성분에는 인간의 신경계에 작용하는 것이
있다. 이른바 신경 독neurotoxin이다. 물론 독이 강하면 신경이
마비되어 죽는다. 그러나 치사량에 이르지 않을 때는 신경에
영향을 미쳐 인체에 다양한 작용을 일으킨다.

그 하나가 신경계를 활성화하는 흥분 효과다. 한약에 사용
되는 마황과의 마황이라는 식물로 만드는 각성제나, 코카나
무과의 코카 성분인 코카인cocaine에는 흥분 효과가 있다. 반
대로 신경 작용을 억제해 진정 효과를 가져다주는 것도 있
다. 양귀비과의 양귀비로 만든 모르핀*이나 헤로인heroin, 뽕
나뭇과의 대마에서 잎이나 꽃을 원료로 하여 만든 마리화나
marihuana는 진정 작용을 이끌어내는 효과가 있다.

이러한 증상은 모두 인체의 기능을 마비하여 오작동을 일
으킨다. 그리고 담배의 니코틴도 인체에 일어나는 오작동의
원인이 된다. 니코틴은 자율신경의 전달을 담당하는 아세틸
콜린acetylcholine과 비슷하므로 아세틸콜린 수용체와 반응하여
신경계를 자극한다.

＊morphine, 아편에 포함된 알칼로이드

대마의 잎이나 꽃으로 만든 마리화나는 인체에 진정 작용을 일으킨다.

약하다고는 해도 몸에 해로운 독이다. 그래서 인간의 몸이
독을 대사하여 무독화하려고 한다. 커피를 마시면 화장실에
가고 싶어지는 것도 몸이 카페인을 체외로 배출하려고 하기
때문이다.

독을 계속 섭취하면 인간의 몸은 점점 그 성분을 무독화하
는 능력이 높아지고 내성이 생긴다. 이러한 구조는 어디까지
나 비상시의 긴급 체제다. 그런데 몸에 일상적으로 독성분을
섭취하면 몸은 그에 대응해, 체내에 들어온 약물을 대사하는
상태가 정상 상태가 되고 만다. 그러면 체내에서 약물이 없으
면 오히려 비상사태가 되어 체내의 생리적 반응에 문제를 일
으킨다. 이것이 이른바 금단 증상이다.

유독 성분은 왜 인간을 행복하게 하는가

─────── 초콜릿이나 커피, 담배 등은 긴장을 완화할 뿐만
아니라 왠지 모를 행복감을 충실히 느끼게 해 준다. 자신을
지키려는 식물의 독성 물질이 어떻게 인간에게 행복감을 맛
보게 해 주는 것일까?

인간의 몸은 체내에 섭취된 독성분을 무독화하여 배출하려고 활성화한다. 그뿐만이 아니라 독성분으로 말미암아 몸에 이상이 생겼다고 느낀 뇌는 진통 작용을 하는 엔도르핀endorphin까지 분비해버린다.

뇌 내 모르핀이라고도 불리는 엔도르핀은 피로와 통증을 완화하는 구실을 한다. 독성분의 자극을 받은 뇌는 몸이 정상적인 상태가 아니라고 판단하고, 독성분에서 기인한 고통을 완화하고자 엔도르핀을 분비한다. 그로써 우리 몸은 도취감과 함께 잊지 못할 쾌감을 느낀다.

이 행복감 때문에 우리는 초콜릿이나 커피, 담배 등을 끊을 수 없게 되어버린다. 해충의 위협으로부터 자신을 지키려는 식물. 그리고 식물이 만들어낸 독성분에서 자신을 지키려 하는 인체의 기능. 이 싸움 끝에 인간은 행복을 느끼고 중독되어버린다.

인간을 감쪽같이 속인 농작물의 음모

─────── 인류는 자기 좋을 대로 식물을 개조해왔다. 무는

이상할 정도로 비대해지고, 양배추는 잎을 펴지 않고 둥글게
감는다. 원래 꽃잎이 다섯 장밖에 없던 장미꽃은 암술과 수술
모두 꽃잎으로 변해 여러 겹이 되었다. 이러한 식물은 인간의
이기적인 욕망에 농락되어온 피해자일까? 재배되고 길든 식
물은 인간 앞에 완전히 무릎을 꿇고 만 것인가? 절대 그렇지
않다.

식물은 이런저런 전략을 구사하며 분포를 넓혀왔다. 그 예
로, 민들레는 씨에 솜털을 달아 씨를 바람에 실어 나른다. 또
한 도꼬마리는 가시가 돋아난 열매로 옷이나 동물의 털에 붙
어 씨를 멀리 옮긴다. 민들레나 도꼬마리는 모두 멀리 씨를
옮겨 조금이라도 분포를 넓히는 전략을 쓴다.

인간이 재배하는 식물은 어떤가? 인간은 세상 한구석에 있
던 식물을 배와 비행기를 이용하여 전 세계로 날랐다. 그런
다음 씨를 뿌린 후 물과 비료를 주고, 해충과 잡초를 제거해
주며 돌본다.

분포를 넓힌다는 점에서 재배되는 식물은 더할 나위 없는
대성공을 거두었다고 말할 수도 있다. 마음껏 세계로 퍼져나
갈 수 있는 이익을 생각하면, 인간의 취향에 맞춰 모습과 모
양을 바꾸는 것도 식물에게는 대수롭지 않은 일이다.

식물은 꽃가루를 옮기려고 곤충에게 꿀을 제공하고, 씨를
운반해주는 새를 위해 달콤한 열매를 준비했다. 인간에게 맛
있는 채소와 과일을 준비하는 일쯤은 어렵지 않다. 인간이 식
물을 마음껏 개량해왔다고 생각할지 모르지만, 어쩌면 인간
에게 더 먹히려고 식물 자신이 진화해온 것은 아닐까? 인간
은 식물을 이용한다고 생각하지만, 오히려 식물이 인간을 감
쪽같이 속여 이용하고 있는지도 모른다.

끈질긴 반항아의 등장

──── 인간은 많은 식물을 자기 것인 양 이용해왔으나 모
든 식물이 순순히 인간을 따른 것은 아니다. 반기를 들고 인
간에게 싸움을 걸어온 식물도 있다. 바로 '잡초'다. 잡초는 논
이나 밭에 침입해 인간이 뿌린 비료를 가로채면서 농작물의
생육을 훼방한다. 또한 인간의 생활공간에 무성하게 자라 일
상생활에 훼방을 놓기도 한다.

잡초는 무엇인가? 이 물음에 미국잡초학회(Weed Science
Society of America, WSSA)는 '인류의 활동과 행복·번영을 거

스르거나 방해하는 모든 식물'이라고 정의한다. 얼마나 사악
한 식물인가? 예로부터 서양에서는 잡초를 악마가 씨를 뿌린
'악마의 풀'이라고 생각했다. 그야말로 인간의 행복을 훼방하
는 새로운 적이 나타난 것이다.

　인간은 논밭을 개척해 농업을 시작함으로써 안정적으로
생활할 수 있게 되었고, 문명사회를 구축해왔다. 하지만 농업
의 역사는 바로 잡초와 싸워온 역사였다고 해도 과언이 아니
다. 유사 이래 인류는 잡초와 끊임없이 싸워왔다.

비슷하게 변화시켜 제초를 극복한다

──────　그 옛날 농사짓기는 고단하기 짝이 없는 일이었다.
몇 번이나 논밭을 갈아 잡초를 없애야 했기 때문이다. 잡초를
뽑는 사람도 힘들지만 뽑히는 잡초도 힘들긴 마찬가지다. 계
속 뽑아내는 인간에게 맞서 생활 터전을 지키고, 그때마다 자
기 몸을 지켜야 한다.

　벼를 재배하는 논에서는 몇 번에 걸쳐 잡초를 뽑는다. 작은
잡초라면 벼 포기 사이로 몸을 숨길 수도 있지만 큰 잡초는

강피는 벼와 비슷한 모습을 하고 있어 논에서 인간에게 뽑히지 않고 살아남는다.

그럴 수도 없다. 큰 잡초는 어떤 식으로 자신을 지키면 좋을
까?

　이 난제를 해결한 것이 강피라는 볏과 잡초다. 강피의 모습
은 쌀과 흡사한데, 이를 이용해 인간의 눈을 속여 뽑히지 않
고 살아남는다. '나무를 숨길 때는 숲속에 숨겨라.'라는 비유
처럼 강피는 논에서 자라는 벼와 헷갈리도록 해서 멋지게 몸
을 감춘다.

　카멜레온이 주위 풍경과 동화하는 것이나 대벌레목의 몸
과 손발이 나뭇가지와 비슷하게 생긴 것처럼 주위 물체나 다
른 생물과 비슷하게 변화해서 몸을 숨기는 것을 바로 의태라
고 한다. 강피는 농작물처럼 보이게 하여 몸을 숨기는 '의태
잡초'다. 강피는 풀 뽑기가 되풀이되는 사이에 벼와 비슷한
개체를 선택해갔다. 그러다 결국 벼와 비슷하게 생긴 강피가
탄생하게 되었다.

잡초를 뽑으면 잡초가 증가한다?

──── 정원의 잡초를 뽑아내기는 여간 힘든 작업이 아니

다. 게다가 얄밉게도 완전히 잡초를 뽑아낸 것 같은데 일주일
만 지나면 다시 잡초가 돋아난다. 왜 잡초는 뽑고 뽑아도 다
시 생기는 걸까? 잡초를 뽑아내도 잡초가 다시 돋아나는 데
는 이유가 있다. 사실 인간이 잡초를 뽑아내면 잡초의 발아가
유도된다.

　대부분 잡초 씨는 햇빛을 받으면 발아가 시작되는 '광발아
성光發芽性' 성질이 있다. 다시 말해 잡초 씨는 빛을 감지하고
발아를 시작한다. 잡초 씨에 빛이 닿는다는 것은 주위에 경
쟁자가 되는 식물이 전혀 없음을 의미한다. 그러므로 쏟아져
들어오는 햇빛을 신호로 잡초 씨는 일제히 싹을 틔우기 시작
한다.

　논밭의 잡풀을 뽑아주면 주변의 잡초가 없어져 땅에 햇빛
이 잘 든다. 뿌리 끝까지 뽑아서 흙을 뒤집어놓으면 흙 속까
지 햇빛이 들어간다. 그러면 그때까지 잠자코 있던 잡초 씨들
이 일제히 발아를 시작하게 된다.

인간에게 들러붙어 살아간다

———— '잡초처럼 강하다.'라는 비유가 있는 것처럼 잡초에
는 '강하다'라는 인상이 있다. 하지만 식물학에서 잡초는 강
한 식물로 분류되지 않는다. 오히려 잡초를 '약한 식물'로 취
급한다. 이것은 무엇을 의미할까?

앞에서 식물과 식물의 싸움을 소개했다. 알고 보면 잡초라
불리는 식물은 다른 식물과의 경쟁에 약하다. 식물은 햇빛과
물을 서로 빼앗으며 쟁탈전을 벌이고 치열하게 경쟁해간다.
잡초는 그런 식물 간의 경쟁에 약한 식물이다. 그래서 많은 식
물이 무성하게 자라는 숲에는 잡초 군락이 생길 수가 없다.

생존을 위해 잡초는 다른 식물이 자라기 어려운 곳을 택해
서식한다. 그곳이 바로 잘 밟히는 길가나 잡초를 빈번하게 뽑
아주는 밭 등 사람이 사는 장소다. 김매기를 하거나 땅을 갈
아엎어 경작하는 일은 잡초에게 가혹한 상황이긴 하지만, 인
간이 관리하므로 강한 식물이 침입하지 못하는 환경이기도
하다. 만약 인간이 잡초를 뽑지 않으면 경쟁에 강한 식물들이
속속 침입하여 잡초를 몰아내 버릴 것이다.

선문답禪問答 같지만, 잡초를 뽑지 않으면 잡초는 없어지고,

잡초를 뽑으면 잡초가 생존할 수 있다. 잡초는 인간이 사는 곳에서만 살 수 있는 식물이다. 인간이 김매는 것을 원하지는 않지만 김매기를 하지 않으면 잡초가 살아남지 못한다. 이것이 잡초의 숙명이다.

　잡초에게 인간이 적이라고는 단언할 수 없다. 잡초는 인간에게 기대어 살아가기 때문이다. 어쩌면 기생하고 이용한다고 말하는 것이 옳을지도 모른다. 인간은 잡초에게 없어서는 안 될 존재인 것이다.

인간이 만들어낸 식물, 잡초

───── 논이나 밭, 길가, 빈터 등 잡초는 인간이 사는 곳에서 자란다. 사람이 자주 발을 들여놓지 않는 깊은 숲속에서는 우리 주변에 있는 잡초를 볼 수 없다. 잡초는 인간 없이는 살수 없는 식물이다. 그러면 우리 인류가 출현하기 이전에 잡초는 어떤 곳에 살았을까?

　잡초의 기원은 빙하기로 거슬러 올라간다. 경쟁에 약한 잡초는 다른 식물이 자라는 곳에서는 자라지 못한다. 빙하기가 되자 기후가 불안정해지고 조산운동으로 다양한 지형이 만들어졌다. 그러면서 홍수가 일어난 하천이나 산사태가 난 뒤 산의 경사면처럼 자연계에 우발적으로 생긴 불모지에 잡초가 살게 되었다. 불모지가 잡초의 조상이 사는 터전이 된 것이다. 이렇게 인간이 없었던 시대에는 잡초가 극히 제한된 장소를 차지했다.

인류가 출현하면서 잡초의 자생 범위는 달라졌다. 인간은 자연환경을 강한 식물이 자라기 어려운 환경으로 바꾸어갔다. 사람들이 농경을 시작하고 마을을 만들어 살기 시작하자 잡초는 그곳을 삶의 터전으로 삼았다.

유럽에서는 신석기시대의 유적에서 잡초 씨가 발견되었다. 인간이 마을을 만들고 인간으로서의 역사를 시작했을 때, 이미 길가에는 잡초의 모습이 나타났다. 농경이 시작되자 마을에 자라던 잡초 중 일부는 밭에도 침출해갔다. 하지만 사람들이 사는 곳은 식물의 생존에 적합하지 않다. 따라서 잡초는 농사와 김매기 등 사람들의 생활에 적응해서 진화하고 번성해갔다. 인류와 역사를 함께해온 잡초는 이제 인간 없이는 살 수 없을 정도로까지 진화했다.

인류는 오랜 역사 속에서 야생식물을 개량하여 많은 농작

물과 채소 등 재배 작물을 만들어왔다. 의도하지는 않았지만
제멋대로 자라는 것처럼 보이는 잡초도 실은 인간이 만들어
낸 식물인 것이다.

인간과 잡초의 싸움에 종지부를 찍다
_제초제의 개발

——— 인간은 잡초와의 싸움을 끝내고자 최종 무기를 만
들어냈다. 바로 '제초제'다.

제초제의 역사는 그리 길지 않다. 기원이라 할 만한 제초제
가 몇 가지 있지만, 처음으로 널리 보급된 것은 제2차 세계대
전 중에 영국에서 개발한 '2, 4D'이다. 제초제는 농작물에는
해를 주지 않고 잡풀만 없애는 '김매기 약'이다. 2, 4D 역시
쌍떡잎식물에는 효과가 있지만, 볏과 식물에는 작용하지 않
는 특징이 있다. 따라서 밀이나 옥수수를 재배하는 데 이용되
었다.

그 뒤로도 다양한 제초제가 개발되었다. 제초제의 등장으
로 인류는 잡초 때문에 어려움을 겪는 일은 줄었다. 옛날에는

한 해에도 여러 번 사람이 손으로 일일이 잡초를 제거해야 했
지만, 이제 제초제를 뿌리기만 하면 된다.

　잡초를 뽑지 않아도 되는 제초제의 등장으로 인간은 많은
잡초를 몰아낼 수 있게 되었다. 최근에는 멸종 위험이 있는
동식물의 목록을 작성한 환경성*의 레드데이터red data에 잡초
이름이 올라갔을 정도다. 제초제야말로 인간이 잡초에 승리
한 것을 소리 높여 선언한 셈이다.

제초제도 듣지 않는 슈퍼 잡초의 출현

──── 　그러나 싸움은 아직 끝나지 않았다. 제초제의 박해
를 받으면서도 잡초는 반격할 절호의 기회를 노리고 있었다.
그러다 결국 제초제를 뿌려도 살아남는 변종(돌연변이체)이
나타났다.

　농약에 대한 저항성은 균류나 곤충에서 널리 볼 수 있다.
균류나 곤충만큼 세대 갱신이 빠르지 않은 식물에서는 농약

＊ 일본의 중앙성청 중 하나. 한국의 환경부에
해당한다.

에 대한 저항성이 발달하지 않으리라는 것이 정설이었다. 그
런데 궁지에 몰린 잡초는 이 정설을 뒤엎고 마침내 금단의 변
종을 탄생시켰다.

인간이 제초제에 지나치게 의존하며 제초제만 뿌림으로써
잡초도 그 밖의 생존 전략을 구상하지 않고 제초제에만 대응
하면 되는 바람에 가능했던 일이었다. 이처럼 제초제가 듣지
않는 잡초를 '슈퍼 잡초superweed'라고 한다.

특히 글리포세이트glyphosate 저항성이라 불리는 제초제 저
항성 잡초가 문제다. 글리포세이트를 주성분으로 하는 '라운
드업Roundup'이라는 제초제가 있는데, 이것은 환경에 대한 부
하가 적은 안전성이 높은 약물이다. 하지만 라운드업은 어떤
식물도 말려버리는 결점이 있다.

라운드업이 제초제로 쓰이려면 잡초는 시들게 해도 농작
물은 시들게 해서는 안 된다는 조건을 갖추어야 한다. 중요한
농작물이 시들어버린다면 제초제를 뿌리지 않는 것이 낫다.
그래서 유전자를 조작해 라운드업이 듣지 않는 생물형biotype
을 만들었다. 이렇게 해서 농작물을 심은 곳에도 안심하고 라
운드업을 뿌릴 수 있게 되었다.

라운드업 덕분에 밭에서 농사를 짓는 데 잡초 문제가 해결

된 것처럼 보였다. 하지만 시간이 지나면서 어떤 식물도 말려
버리는 라운드업을 뿌려도 시들지 않는 잡초가 나타나기 시
작했다. 바로 글리포세이트 저항성 잡초다. 지금은 이 슈퍼
잡초가 널리 퍼져버렸다.

제초제가 통하지 않는 잡초가 출현하자 최근에는 제초제
에 의존하지 않는 경작이나 파종 시기를 연구하는 등 잡초의
피해를 억제하는 방법을 검토하고 있다.

농경의 역사는 잡초와의 전쟁이었다고도 할 수 있다. 어느
한 시기도 잡초와 싸우지 않았던 적이 없다. 그것은 과학이
발달한 21세기가 되어서도, 무엇 하나 변하지 않았다. 잡초와
사람의 지혜 겨루기는 현대에도 이어지고 있다. 인간이 번영
하는 한, 잡초의 번영도 또한 계속된다. 앞으로도 인류와 식
물의 싸움은 끝없이 이어질 것이다.

좋은 경쟁자로 싸워나간다

———— 일본에서는 엘리트가 아닌 무명의 노력가들을 '잡
초 군단雜草軍団'이라고 평가하기도 한다. 잡초 군단이라는 말

은 절대 나쁜 이미지가 아니다. 오히려 '온실에서 자란 엘리트 집단'이라고 말하는 편이 더 거북스러운 느낌이다. 고생 끝에 꽃을 피웠던 '잡초'에게 사람들은 감탄하고 아낌없는 박수를 보낸다.

얼마나 이상한 이야기인가? 잡초는 애물단지로, 사람들은 잡초와 치열한 싸움을 벌여왔다. 그런데 왜 잡초에 좋은 이미지가 있는 것일까?

왜 일본인은 잡초를 호의적으로 바라보는 것일까? 일본에서는 잡초가 세계 다른 나라에서보다 애물단지가 아닌가 하면 그렇지도 않다. 오히려 일본의 잡초는 매우 강하다고 볼 수 있다. 고온·다습한 일본에서는 잡초가 빨리 자란다. 몇 달만 잡초를 제거하지 않고 밭을 방치하면 온통 잡초 투성이가 되어 밭을 뒤덮어버린다. 정원의 풀은 뽑아도 잡초가 바로 자란다. 1년에 몇 번씩 잡초를 뽑는 공원이나 도로에는 매년 엄청난 예산이 들어간다.

농업에서 잡초는 더 심각하고 절실한 문제다. 기후가 고온·다습한 일본에서 농업의 역사는 잡초와 벌인 전쟁이었다고 해도 과언이 아니다. 서양에서는 잡초가 일본만큼 잘 자라지는 않는다. 일본인은 계속해서 잡초에 시달렸다. 그런데 어째서 일본인은 잡초를 긍정적으로 바라보는 걸까?

　서양 사람들은 자연을 지배해야 할 대상으로 여겼다. 그리고 자연에 끊임없이 도전하며 극복해나갔다. 그러나 동양 사람들은 달랐다. 특히 기후 특성상 식물의 성장이 빠른 일본에서 자연은 풍부한 혜택을 가져다주면서도 인간을 위협하며 덤비는 존재였다. 일본인은 그런 자연의 경이에 있는 힘을 다해 맞서왔다. 그 결과 어떻게 되었는가? 처절한 싸움을 통해 사람들은 자연에 경외심을 품지 않을 수 없게 되었다. 일본인에게 강한 적인 잡초는 좋은 경쟁자 같은 관계였는지도 모른다.

　흔히들 '싸우면서 친해진다.'라는 말을 한다. 인간과 잡초의 싸움 끝에도 서로 어딘가 칭찬할 기분이 생긴 걸까? 적 또한 장하다. 서로 강함을 칭찬하면서 인간과 식물은 계속 싸워나갈 것이다.

마치며 싸움 속에서

자연계는 '약육강식' '적자생존'의 세계다. 물론 규칙도 도덕도 없다. 모든 생물이 이기적으로 행동하고, 상처를 받으며, 서로 속이고 죽이면서 끝없는 싸움을 벌인다. 거기에는 죽이느냐 죽임을 당하느냐 하는 의리 없는 싸움뿐이다.

그 살벌한 자연계에서 식물이 드디어 도달한 경지는 무엇일까? 식물은 균류와 싸운 끝에, 균류의 침입을 막는 것이 아닌 함께 사는 길을 택했다. 꽃가루를 노리는 곤충은 꽃가루의 운반책으로 쓰며 상리공생의 협력 관계를 구축했다. 또한 동물과의 싸움을 통해 씨방이 먹히는 피해를 막는 것이 아니라 밑씨를 지키던 씨방을 이용하는 방법을 고안해냈다. 씨방을 비대하게 하여 열매를 만들고 그것을 동물과 새에게 먹이로 주는 대가로, 씨를 옮기게 했다.

식물은 강대한 적과 싸울 뿐만 아니라 적의 힘을 이용하려고 시도했다. 마침내 싸움 끝에서 식물은 적이었던 다른 생물과 서로 이익을 주고받으면서 살아가는 공존 관계를 구축했다.

살벌한 자연계에서 동맹을 맺기 위해 식물이 한 일은 무엇이었을까? 식물은 균류와 공존 관계를 구축하고자 먼저 자신의 체내에 균류를 불러들였다. 곤충과 공존 관계를 쌓으려 꽃가루를 제공하는 데 그치지 않고 곤충의 먹이인 꿀까지 준비했다. 그리고 새와 동물에게 씨의 운반을 부탁하고자 과일이라는 매력적인 선물을 먼저 주었다.

다른 생물과 공존 관계를 구축하려고 식물이 한 일, 그것은 자신의 이익보다 상대의 이익을 우선하고 먼저 챙겨줌으로써 서로 이익을 가져오는 것이었다. "주어라, 그러면 너희도 받을 것이다." 식물은 이 가르침을 설파한 예수가 지상에 나타나기 훨씬 이전에 이 진리를 깨닫는 경지에 이르렀다.

그런데 인류는 어떤가? 인류는 다르다. 자연계는 약육강식, 적자생존의 세계다. 식물처럼 '공존'이라는 달콤한 말은 절대 하지 않는다. 인류는 전 세계의 자연을 정복했다. 다른 생물을 철저히 무찔렀다. 이제 인류는 단 하루에 100종의 생물을 멸종으로 내몰고 있다. 바로 냉혹한 자연계에서 승리를 거머쥐려 한다.

그것만이 아니다. 애초에 현재의 지구환경을 마음대로 바꿔버린 것은 식물의 조상이었다. 지구상을 뒤덮고 있던 이산화 탄소를 식물이 흡수하고 산소라는 해로운 물질을 만들어냈다. 그리고 30억 년이나 되는 세월에 걸쳐 마구 산소를 내뿜으면서 남아도는 산소가 오존이 되어 지구 전체를 뒤덮는 오존층을 만들어버렸다.

그 결과, 산소를 이용하는 생물이 진화를 거듭하게 되었다. 오존층 덕분에 지구에 쏟아지는 해로운 자외선이 감소하면서 많은 생물이 지상에 진출했다. 또한 그로부터 '풍부한 생태계'가 완성되었다. 한마디로 이 자연계는 결국 식물이 만들어낸 것이다.

인류는 식물이 만들어낸 지구환경을 원래의 모습으로 되돌리려고 노력한다. 화석연료를 태워 이산화 탄소를 배출하고 지구 기온을 온난화하려고 열심히 애쓴다. 이산화 탄소의 농도가 높고, 온난한 환경은 바로 식물이 탄생하기 전인 원시 지구의 환경 그 자체다.

또한 프레온가스를 배출해 식물이 마음대로 만들어낸 오존층을 파괴하는 것에도 몰두하고 있다. 인류의 노력 탓으로 오존층에는 커다란 구멍이 뚫리기 시작했다고 한다. 식물이 생기기 전의 지구처럼 지구상에 해로운 자외선이 쏟아지는 것은 시간문제이다.

원래 모든 생물은 지구상에 존재하지 않았다. 인류는 숲의 나무를 베어내 생물의 터전을 빼앗고, 식물과의 싸움에서 승리했다. 결국 인류는 모든 생물을 몰살하고, 모든 식물을 멸종으로 내몰 것이다. 그러면 생명 탄생 이전의 지구환경을 되찾을 수 있을지도 모른다. 인류의 힘으로 식물이 바꿔놓은 지구환경을 이윽고 본래의 모습으로 되돌려놓을 것이다.

다른 생물과 '공존'하기를 택한 식물이 옳은지, 다른 생물의 생존을 허락하지 않고 멸종으로 내모는 인류가 옳은지, 정답은 곧 나올 것이다. 지구의 역사 속 식물을 둘러싼 싸움에서 인류가 완전한 승리를 거머쥘 시기가 눈앞에 와 있다.

과연…… 승자가 될 인류가 얻을 세계란 도대체 어떤 것일까? 그때 인류는 어떤 생활을 하고 있을까?

싸우는 식물

초판 1쇄 발행 2018년 11월 2일
초판 5쇄 발행 2023년 6월 18일

지은이 이나가키 히데히로
옮긴이 김선숙

발행인 김기중
주간 신선영
편집 민성원, 김계영
마케팅 김신정, 김보미
경영지원 홍운선
펴낸곳 도서출판 더숲
주소 서울시 마포구 동교로 43-1 (04018)
전화 02-3141-8301~2
팩스 02-3141-8303
이메일 info@theforestbook.co.kr
페이스북·인스타그램 @theforestbook
출판신고 2009년 3월 30일 제2009-000062호

ISBN 979-11-86900-71-0 (03480)